U0289122

后浪

爱上铸铁锅

はじめてのストウブ

[日] 药袋绢子 著
刘仝乐 译

北京联合出版公司
Beijing United Publishing Co.,Ltd.

前言

“我听说铸铁锅能够把饭菜做得更好吃”“铸铁锅的颜色和外形与众不同，很吸引我”，等等，喜欢并开始接触铸铁锅的理由各种各样，不尽相同。

但是，生活中是不是仍然会有很多人并不是十分了解铸铁锅的使用方法，也不清楚铸铁锅甚至可以用来制作宴客菜肴？这样的后果是，铸铁锅逐渐地淡出日常生活，被束之高阁，甚至你会觉得从橱柜中把它取出来都变成一件麻烦事……铸铁锅的这种“不被看好”的处境屡见不鲜。

其实，珐琅铸铁锅的最大魅力在于，它能够充分激发食材本身特有的味道。越是简单的料理，越能将这种魔力发挥得淋漓尽致。你只要把食材轻轻地放入锅中，再掌握一些使用方法上的简单要领，就能充分激发出食物的醇香与美味，制作出完美的菜肴。

比如，现在厨房里正好有一颗洋葱，你可以按照下面的步骤处理它：首先，将洋葱切成较厚的圆段。然后，在铸铁锅底均匀倒入食用油，待油烧热后，将洋葱段平铺于锅底，盖好锅盖，不要翻动，将洋葱段的两面都煎得恰到好处。之后，再慢慢加热，直到洋葱的葱芯部分渗出汁水，并且逐渐变甜变软后，加入少许酱油，撒上鲣鱼片，一道美味菜肴就大功告成了！像这样，每天的日常饭菜都可以用铸铁锅来轻松完成。

我希望大家能够喜欢并习惯使用铸铁锅，所以在这本书中，我将食材加以区分，介绍了一些尽可能简单地就可以完成的料理食谱。另外，在铸铁锅尺寸上的要求是：锅口小，便于灵活操作，还要具有一定容量。所以我在书中使用的是最能满足以上要求的直径 18 厘米的“小型圆口砂锅”（直径 20 厘米的铸铁锅也可制作本书中的料理）。

即使不需花费太多时间和工序，珐琅铸铁锅也能把普普通通的食材变成令人惊讶的美味佳肴……一旦体会到这种乐趣，你一定会无法想象没有铸铁锅的日子！说了这么多，不如快点利用家里现成的蔬菜、肉、鱼，做上一道心仪的料理吧！

目录

蔬菜料理食谱

肉类料理食谱

鱼类料理食谱

米饭料理食谱

豆类料理食谱

本书中使用的锅是 staub 生产的直径 18 厘米的“La cocotte”系列铸铁锅。本书中所有的料理食谱也同样适用于直径 20 厘米的圆口铸铁锅。本书将这一系列的锅统一简称为“铸铁锅”。

本书中展示的铸铁锅是 2012 年 8 月 15 日当时的产品。现在市场上的铸铁锅产品尺寸、颜色可能会有所变化。

本书中的 1 杯相当于 200 毫升，1 合（注：合为日本容积单位）相当于 180 毫升，1 大匙相当于 15 毫升，1 小匙相当于 5 毫升。

本书中使用的微波炉为 600W 规格产品。

本书中的烹饪时间是大致标准。由于烹饪工具、食材状况的不同会影响食物成熟时间，请仔细观察锅中食物状态，适当调整烹饪时间。

本书中酱油选用的是浓口酱油，味噌选用的是市售普通味噌，小麦粉选用的是低筋粉，白糖在无特殊说明的情况下，选用绵白糖。

珐琅铸铁锅是一口什么样的锅?

它是一口具有一定厚度的铸件珐琅锅。而且，锅的内壁以及锅盖的里侧都作了特殊加工，所以珐琅铸铁锅才能够调理出独一无二的食材的味道。

厚重的锅盖阻止蒸汽散发

珐琅铸铁锅的锅盖不仅厚实，还有一定的重量，因而盖严锅盖后加热，水蒸气极难散发。烹饪过程中无须加水，锅内也会维持蒸烤的状态。锅内的热量能保持稳定均匀，让食材既能保持原状，又能变得美味。

锅盖里侧的突起使食物中的水分得到充分利用

铸铁锅锅盖内侧带有数个明显的突起。盖上锅盖加热，锅内封闭的水蒸气上升，遇冷凝聚到突起上，变成水滴又重新淋降到食材上。因而食材会软软糯糯，口感绝佳。另外，这些水蒸气中饱含了食材的鲜味与营养，所以，料理不会浪费一点美味。

明火加热、电磁加热、烤箱加热等多种热源可供选择

家用明火灶自不用说，电磁炉、光波加热、烤箱均可（不可放入微波炉）。另外，还可以把铸铁锅看作一件器皿，作为料理的一部分，直接端上餐桌，同样惹人注目。

铸铁锅内壁的特殊加工使食物不易焦煳，成色更加诱人

铸铁锅的内壁做了黑琉釉加工处理。也就是在锅内壁喷涂珐琅烧制，将此过程反复三次，最终使内表面手感粗涩似磨砂。如此，食材和锅内壁的接触点减少，极大地避免了焦煳发生。需要注意，第一次使用时要先用中性洗涤剂将铸铁锅清洗控干，然后涂抹食用油加热，待油冷却后再开始使用。随着使用时间的增加，铸铁锅会越来越不易粘锅，更得心应手。

厚实的铸铁导热均匀稳定，高效保温

以卓越的导热能力为傲的铸铁锅，其厚实的铸铁使得温度一旦升高，就很难冷却下来，整个锅在一定时间内能够保持恒定的温度。所以，火力从小火升至中火会需要较长时间——10分钟（参照第126页）。热量的传递不会因食材的不同而有所差异，无论何种烹饪方法，都能使食物软糯可口。另外，即使关火之后，温度的下降也很慢，利用余温继续烹饪也是铸铁锅的一大特色。

蔬菜料理食谱

第一次使用铸铁锅，希望大家最先尝试的是蔬菜料理。最大限度地利用蔬菜中的水分，做出甜香可口、美味诱人的菜肴。尝试过后，你一定会惊讶于“蔬菜的味道原来可以这样浓厚”。

从这里开始！

用铸铁锅制作“蔬菜料理”的基本方法

为了做出美味的蔬菜，首先要掌握“煎”“蒸”“炖煮”等基本技巧。
只要学会了这些方法，你便可以制作各种蔬菜，
尽情享受铸铁锅蔬菜料理的乐趣！

基本方法 1

这里的“煎”不是快速地煎炸，而是盖上锅盖蒸煎几分钟。铸铁锅特有的恒温保水构造，能够最大限度地减少热量和水分流失，做出的食物外表香气浓郁、内里软糯弹牙。

1 将蔬菜放入加热后的铸铁锅中

在铸铁锅中刷好底油，中火加热。待锅底充分加热后，放入蔬菜。立即盖好锅盖，防止热量流失。在煎香蔬菜的过程中，锅内会有噼里啪啦的油煎声音。

2 蔬菜表面上色后，翻动蔬菜继续煎制

锅中散发出蔬菜香味后，表明蔬菜表面已经呈油煎色。待蔬菜的颜色看起来可口后，翻转蔬菜，煎制另一面。翻面后要立即盖严锅盖，防止水分流失。

3 闻到甘甜香气后，起锅完成

煎制蔬菜内部要比煎制外表时间稍长一些，注意要小火加热。待蔬菜两面及内部成熟后，出锅完成。

煎卷心菜

原材料（2人份）

卷心菜……1/4个
培根肉……2片

A
- 欧芹……1根
- 橄榄油……2大匙
- 颗粒芥末酱……1/2大匙
- 盐……1/3小匙
- 粗磨胡椒……少许

橄榄油……2小匙

烹饪方法

1.卷心菜保留菜心一切为二，培根肉切成宽1.5厘米的条。

2.欧芹切成碎末，与A中调料拌匀。

3.在铸铁锅中加入2小匙橄榄油，中火加热，并排放入卷心菜。煎制2～3分钟，待表面上色后，翻转卷心菜，加入培根肉条，盖严锅盖。

4.继续加热3～4分钟后，出锅装盘撒上拌匀后的调料A即可。

烹饪建议　煎炸洋葱（第20页）与煎番茄（第24页）也可以采用这种烹饪方法。此外，建议用此法尝试烹调西葫芦和茄子。

基本方法 2

蒸

在铸铁锅中加入蔬菜和少量水，盖好锅盖加热。锅内充斥的高温水蒸气既能减少蔬菜香气的流失，又可短时间内把蔬菜蒸熟，保持色泽艳丽。

1 将蔬菜和少量水倒入铸铁锅中加热

在铸铁锅中加入蔬菜和少量的水，用中火加热。水量的多少要根据蔬菜的不同有所调整。如果是制作拌胡萝卜（参照下面的食谱），水量大约为1/2大匙。

2 锅中水沸腾后搅拌一次

锅中的水沸腾后，为了使食材受热均匀，要轻轻地搅拌食材一次。

3 利用锅内余温加热

根据蔬菜的不同，盖好锅盖数分钟后关火，利用锅内余温加热。拌胡萝卜中的胡萝卜片薄，易成熟，盖锅盖后马上关火即可。

拌胡萝卜

原材料（2人份）

胡萝卜……1根

A
- 橄榄油……1大匙
- 柠檬汁……1大匙
- 蜂蜜……1/2小匙
- 盐……1/3小匙

欧芹、核桃仁（均切成粗碎）
……各适量

烹饪方法

1.将胡萝卜去皮，用削皮器擦成丝带状备用。剩下的胡萝卜芯用菜刀切成薄片。

2.在铸铁锅中加入1中食材和1/2大匙的水（不包括在原材料内），盖好锅盖，中火加热。

3.待锅中的水沸腾以后，将锅内食材搅拌均匀，盖锅盖关火，利用余温蒸1分钟。

4.将A中调料拌匀，淋在蒸好的胡萝卜上，加入欧芹、核桃碎，拌匀即可。

烹饪建议 | 西兰花（第17页）、西葫芦（第22页）以及新鲜的豆类（第28页）也十分适合这种烹调方法。至于含水多的蔬菜，烹饪过程中可以不用额外加水。

基本方法 3

用保温能力强的铸铁锅炖煮，食材受热均匀，成品软糯可口。通过锅盖调节，减少水分蒸发，所以炖煮的汤汁不需很多，充分保留蔬菜的醇香。

1 萝卜需要焯水一次

由于萝卜带有特殊气味，且难以入味，所以在用出汁或高汤炖煮之前要先用没过萝卜的水量焯水处理

2 倒入出汁或高汤，没过萝卜表面

将焯过水的萝卜倒回铸铁锅中，加入出汁或高汤。即使没能没过萝卜，也不用担心。因为汤汁加热沸腾后，会漫过萝卜的表面。

3 盖好锅盖，咕嘟咕嘟炖煮

汤汁滚开后，盖好锅盖，用小火炖煮。萝卜变软，关火静置，利用余温使萝卜入味。

味噌大根煮

原材料（2 人份）

萝卜……12 厘米长

A
- 柚子胡椒……1 小匙
- 白味噌……1 大匙
- 淡口酱油……1 小匙
- 出汁或高汤……1 大匙

出汁或高汤……1 杯

烹饪方法

1.萝卜去皮，切成约3厘米厚的圆段备用。将A中调料混合均匀。

2.在铸铁锅中加入萝卜和2杯水（不包括在原材料内），中火加热。待水滚开后，改小火，煮10分钟。将煮过萝卜的热水倒掉，萝卜过水，最好用流动水。

3.在锅中加入出汁或高汤，以及2中处理过的萝卜，中火加热。待锅中沸腾后，盖锅盖小火炖煮20分钟后关火，静置5分钟。

4.装盘，淋上调好的酱料A即可。

烹饪建议 | 芜菁也适合这种烹调方法。由于芜菁比萝卜易熟，所以在料理过程中，要用竹签试其软硬度，避免过分炖煮。

值得推荐的
常见蔬菜料理食谱

掌握了如何用铸铁锅料理蔬菜的基本方法后，
就可以尝试各种蔬菜料理了。
接下来，为大家推荐一些用身边常见蔬菜
就可以简简单单地做出美味菜肴的食谱。

凉拌菜花和西兰花

如此简单的蔬菜料理，更能体现出铸铁锅的烹饪能力！
用少量的水将蔬菜蒸至软糯，锁住食物香味。
在蔬菜还带有余温的时候加入调料，是去除大蒜辛辣味的秘诀。

原材料（2人份）

西兰花、菜花……各1/2个

A
- 大蒜（擦成蒜茸）……1/2小匙
- 芝麻油、白芝麻碎……各1大匙
- 盐……2/3小匙
- 粗磨胡椒……少许

烹饪方法

1. 将西兰花、菜花掰成小瓣，A中调味料混合均匀备用。
2. 铸铁锅中加入菜花和1/4杯水（不包括在原材料内），中火加热。待锅内水滚开后，盖锅盖，蒸约2分钟。
3. 锅内加入西兰花，搅拌均匀，盖严锅盖，再蒸2分钟。
4. 西兰花和菜花盛入碗内，加入调好的调料A，搅拌均匀即可。

美食推荐看这里

西兰花与菜花的料理笔记

菜花热沙拉

将菜花掰成小瓣，大葱切细丝，与咸牛肉罐头一起倒入铸铁锅中，蒸到软糯。趁锅内食物温热，加入调料（橄榄油、食醋、蜂蜜、颗粒芥末酱、盐）调味，搅拌均匀。

西兰花浓汤

将西兰花掰成小瓣，放入少量的高汤蒸煮，盖锅盖防止香味流失。待西兰花软糯后用木铲将其压碎，加入牛奶、鲜奶油，用盐调味，最后加入整根香肠，待锅内食材煮沸，起锅即可。

日式调味南瓜

小火慢煮，南瓜入口软糯香甜。
将出汁或高汤和调料事先备好，可保持南瓜完整。
如果在煮的过程中水分不足，视情况加入一些出汁或高汤。

原材料（2人份）

南瓜……1/4个（净重260克）

A
- 出汁或高汤……1/2杯
- 酱油……1小匙
- 砂糖……1小匙

烹饪方法

1. 南瓜去皮去籽切块，削去棱角。将A中调料混合备用。
2. 在铸铁锅中加入调料A和南瓜，南瓜皮朝下，中火加热。
3. 待锅中沸腾后，用厨房纸巾做小锅盖，直接盖在南瓜上，让汤汁能够均匀分布在食材表面。
4. 转小火，盖严锅盖，煮约10分钟。关火，静置10余分钟，直到温度降到可以用手触碰锅壁为止。

如图，这是刚刚盖上厨房纸做的小锅盖的样子。因为厚重的锅盖会减少蒸发，所以只需少量的汤汁即可。

美食推荐看这里

南瓜的料理笔记

煎南瓜沙拉

将南瓜切成适当大小的块，放入铸铁锅中，盖好锅盖，边蒸边煎（此时撒上盐，也是一道美味）。关火，稍微冷却后，用叉子将南瓜切分成小块，加入黄瓜、火腿、蛋黄酱、柠檬汁等，拌匀即成可口沙拉。这种方法料理的南瓜香味更加浓厚。

煎炸洋葱

用一棵蔬菜就能轻松地做出一道美味，这就是铸铁锅的魅力所在。
通过蒸和煎，使洋葱的辛辣变为甘甜。
推荐大家用酱油、鲣鱼片与其搭配出简约的日本风味。

原材料（2人份）

洋葱……1个（小）
橄榄油……1小匙
酱油、鲣鱼片……各适量

烹饪方法

1.洋葱剥皮，去除头尾两端，四等分横切成圆段。在两面划出网格状切口。

2.铸铁锅中倒入橄榄油，中火加热。放入洋葱，盖锅盖，煎约1分钟。

3.翻转洋葱，再次煎制1分钟后，淋入酱油，关火，撒上鲣鱼片即可。

美食推荐看这里

洋葱的料理笔记

整颗洋葱汤

在铸铁锅内放入面包粉和粗磨胡椒，制成干脆面包粉。待其稍微冷却后，与奶酪粉混合备用。洋葱去皮，划十字切口，放入锅中。番茄切碎，与鸡汤、培根一起入锅开火炖煮，用盐调味。煮开后，加入做好的奶酪面包粉，盖锅盖关火，利用余温融化奶酪。出锅装盘，撒欧芹碎。

洋葱热沙拉

在热锅中加入洋葱薄片，盖好锅盖，关火，利用余温加热。最后用橙醋、鲣鱼片、七味粉、紫苏细丝等调味。这样处理后的洋葱，辛辣味一扫而光，甘甜适口。

STAUB

西葫芦薄荷沙拉

西葫芦蒸得软软糯糯，口感十分新鲜！
金枪鱼的香味在口中慢慢弥漫，隐约的薄荷味沁人心脾。
加入自己喜欢的奶酪粉，会有另一番体验。

蒸

原材料（2人份）

西葫芦……1～2根
油浸金枪鱼罐头……1/2小罐（40克）

A
- 薄荷……4～5片
- 橄榄油……1大匙
- 柠檬汁……1/2大匙
- 盐……1/3小匙
- 蜂蜜……1小匙
- 粗磨胡椒……少许

烹饪方法

1.西葫芦切成1厘米厚的圆段备用。薄荷叶撕碎与A中调料混合。

2.在铸铁锅中加入西葫芦与金枪鱼罐头，盖好锅盖，中火加热。约3分钟后，听到锅内传出声音后改为小火，继续加热大约7分钟。

3.关火，将调料A均匀撒在西葫芦上，出锅装盘即可。

美食推荐看这里

西葫芦的料理笔记

西葫芦关东煮

西葫芦切成较厚的圆段，与少量的出汁或高汤、味淋、酱油一起放入锅中，煮至锅内食材软糯，撒适量奶酪粉。开始享受日式风格与西餐的绝妙结合吧。

煎番茄

当番茄慢煎至表面焦黄时，香甜味倍增！
大蒜与香草的混合香气也会大大激发食欲。
此外，茄子和西葫芦也可如此料理，一定要亲自尝试一下。

原材料（2人份）

番茄……2个
大蒜……1/2瓣
橄榄油……1大匙
迷迭香……1根
盐、粗磨胡椒……各少许

烹饪方法

1.番茄去蒂，横向一切为二，大蒜切薄片备用。

2.在铸铁锅中加入橄榄油，中火加热。番茄刀切面朝下放入锅中，约2分钟后翻面，加入大蒜、迷迭香，盖锅盖，加热1分钟。关火静置，利用余热继续加热1分钟。

3.出锅装盘，撒适量盐、胡椒和橄榄油（不包括在原材料内）。

美食推荐看这里

番茄的料理笔记

浓香番茄汤

在铸铁锅内加入切碎的番茄（若选用熟透的番茄，味道会更出色）、盐、胡椒，根据个人喜好，可加入橄榄油，加热炖煮，直到番茄中的水分渗出呈汤状。此过程中不需加入额外的水，番茄的香气全部浓缩在汤汁里，味道香醇浓厚。

蜜汁腌葱

将煎过的葱白放入蜂蜜腌汁中腌渍即可。
葱白表面焦黄表明葱芯已经变得软甜。
葱白表面上细细的切口，让味道充分沁入。

煎

原材料（2人份）

大葱（葱白）……2根

A
- 白葡萄酒醋……1大匙
- 盐……1/2小匙
- 蜂蜜……1小匙

橄榄油……2小匙
欧芹（切成碎末）……少许

烹饪方法

1.将葱白部分三至四等分切成葱段，划出浅浅的切口备用。将A中调料混合备用。

2.铸铁锅中倒入橄榄油，中火加热，放入大葱。

3.待葱白一面煎成金黄色后，翻面继续煎制，盖锅盖，约1分钟后关火。

4.将调料A加入锅中，静置5分钟使其入味。出锅装盘，撒上欧芹加以点缀。

再加工料理

在上面的料理中加入咸牛肉罐头也会十分美味。如果想在以蔬菜为主角的料理中加入肉或鱼，那么比起生鱼生肉，咸牛肉罐头、培根肉、火腿等加工食品更合适，也有助于突显蔬菜本来的鲜香。

盐蒸春季豆

这是买到应季豆类后，最想制作的一道料理。
铸铁锅拥有良好的密封性，使得蒸出来的豆子甜味与香气俱佳。
如此一来，再多的豆子都可以快速“消灭”掉。

原材料（2人份）

荷兰豆……80克
菜豆……80克
青豆（粒）……80克
盐……1/2小匙
黄油、粗磨胡椒……各适量

烹饪方法

1. 荷兰豆、菜豆去蒂后一切为二。
2. 铸铁锅中加入1和青豆粒，以及2大匙水（不包括在原材料内）。加入适量盐，搅拌均匀，中火加热。
3. 锅中沸腾后，再次搅拌。盖锅盖，改小火加热4～5分钟后关火。
4. 加入黄油，撒适量胡椒即可。

如图，锅中上汽后，再盖锅盖。少量的水就可以使锅内蒸汽弥漫，豆子的香味会随着盐蒸更加浓郁。

美食推荐看这里

豆类的料理笔记

慢煮菜豆

在铸铁锅中加入出汁或高汤、酱油、味淋，煮沸后，加入足量的菜豆，继续煮制。待锅中豆子变软后，加入培根肉丝，快速搅拌均匀即可。

再加工料理

在上面的料理中也可以加入当季的蚕豆和嫩豌豆荚。蚕豆可以同其他豆类一起加入，但豌豆荚易熟，所以要最后放入锅中。

STAUB

炸藕片

铸铁锅的另一项独门绝技是用很少的油就可以轻松完成煎炸。
由于铸铁锅导热均匀，所以藕片会呈现出恰到好处的淡咖色。
与大蒜一起煎炸，浓郁的蒜香会慢慢浸入藕片。

煎炸

原材料（2人份）

藕……200克
大蒜（带皮）……3～4瓣
色拉油……1/2杯
花椒盐、芥末、酱油等个人喜好的佐料……各适量

烹饪方法

1.藕带皮清洗，拭去表面的水分后，切成半月状。

2.在铸铁锅中加入1中的藕片和大蒜、色拉油，中火加热。当锅中滋滋起泡后，再继续加热5分钟。翻面搅拌均匀，再煎炸3～4分钟，待藕片呈现淡咖色后捞出。根据个人口味的不同，可以添加花椒盐等佐料。

如图，色拉油的量不需要完全浸泡藕片，只要刚刚没过即可。藕片呈现图片中的淡咖色后，就可以翻面了。

换种食材来料理

上面的料理过程中可以用马铃薯代替莲藕，建议大家选用春天的当季马铃薯制作。在煎炸过程中时不时地翻动，慢慢加热15～20分钟后，一道外酥里嫩、香糯可口的煎炸马铃薯就完成了。

速蒸小松菜

烹饪过程中，利用小松菜本身的水分即可，成品香味浓郁出众。
速蒸常常被看作是饭桌上“稍等，还差一道菜”时的不二选择。
水菜、生菜、菠菜等叶菜都可采用这种烹饪方法。

蒸

原材料（2人份）

小松菜……200克

生姜……1/2片

A
- 芝麻油……1/2大匙
- 橙醋……2大匙

烹饪方法

1.小松菜清洗干净，切成约6厘米的段，生姜切丝备用。将A中调料混合均匀。

2.中火加热铸铁锅，放入1中处理好的小松菜和生姜，盖锅盖，改小火，继续加热4～5分钟。

3.加热完成后将锅内食物搅拌均匀，关火。

4.出锅装盘，均匀淋入调配好的调料A即可。

美食推荐看这里

绿叶菜的料理笔记

凉拌菠菜

菠菜切成方便入口的长度，放入锅中，盖锅盖加热。加热完成后盛出，过水去除涩味，沥干加入酱油、鲣鱼片等调味即可。这种做法比传统的拌菜要更加简便，食材本身的味道也更加浓厚。

牛奶煮青梗菜

青梗菜切成方便入口的长度，与蟹肉罐头（连同罐头汁）一起放入铸铁锅中，盖锅盖加热。待青梗菜变软后，倒入牛奶略煮，用盐调味。加入少量的中式高汤，或在完成后滴入芝麻油增加风味，便做成一道不错的中式料理。

鳀鱼干蒸千层白菜

仅仅利用白菜中的水分，就可以让千层蒸菜变得软糯。
这道料理的调味只靠鳀鱼干中的盐分，完全不需额外的作料。
最后不要忘记鲜美的汤汁，一起喝掉吧！

蒸

原材料（2人份）

白菜……1/4棵
大葱……1根
鳀鱼干……50克
柠檬（按个人喜好）……适量

烹饪方法

1.白菜的茎叶分开，对半切成便于入锅的长度。大葱纵向四等分，切成6厘米的葱段。盐鳀鱼干切成小块。

2.白菜茎、葱、鳀鱼干、白菜叶按照自下而上的叠放顺序，放入铸铁锅中，此过程反复两次。

3.盖锅盖，中火加热。待锅中发出咕嘟咕嘟的声音后，改为小火，继续加热约15分钟。关火，利用余温加热1分钟。

4.用木铲将蒸菜轻轻抬起，注意不要触碰到锅内壁，用厨房剪刀剪成易于入口的大小，出锅装盘。根据个人喜好可以搭配柠檬一起食用。

美食推荐看这里

白菜的料理笔记

白菜烘鸡蛋

铸铁锅放油烧热，加入改刀后大小适当的白菜，盖严锅盖，慢慢地边蒸边煎。撒适量盐，倒入打好的鸡蛋，盖锅盖，利用余温加热成诱人的半熟状即可。这道白菜香气满满的料理定会叫人赞不绝口。

换种食材来料理

上面的千层蒸菜，也可以用卷心菜来做，味道同样可口。随着加热的进行，卷心菜的体积会逐渐缩小，所以一开始放入满满一锅菜，也不用担心。只要用手从上面使劲按压，盖严锅盖即可。

原味马铃薯

马铃薯无需去皮，整个放入锅中蒸制，确保香味不会流失。
厚重的锅盖保证锅内蒸汽充足，使马铃薯的口感更加绵软。
芋头和红薯都可以用这种方法轻松料理。

蒸

原材料（3～4人份）

马铃薯……4个
黄油、盐（按个人喜好）……各适量

烹饪方法

1.马铃薯带皮清洗干净，放入铸铁锅中。

2.加入1杯水（不包括在原材料内），中火加热。待锅中水滚开后，盖锅盖，改小火，继续加热20～25分钟。

3.出锅的马铃薯掰成合适的大小，根据个人喜好，可加入黄油、盐等佐料。

美食推荐看这里

马铃薯的料理笔记

芥末煎马铃薯

上面做好的蒸马铃薯稍加冷却后，切成厚圆片备用。铸铁锅中加入橄榄油、培根肉碎、大蒜加热，放入切好的马铃薯。煎好后，加入颗粒芥末酱和蛋黄酱，快速翻拌均匀即可。

马铃薯浓汤

将马铃薯切成适当大小，放入高汤中煮制。变得软糯后，用木铲将其压碎，加入牛奶、生奶油，用盐和胡椒调味即可。

辣炒菌菇

用大蒜、辣椒将菌菇炒出香味。
冷热皆宜，是家中不可或缺的常备美食。
放入冰箱冷藏，可保存3～4天。

炒蒸

原材料(便于烹饪的量)

杏鲍菇、双孢菇、蟹味菇等
　自己喜欢的菌菇……合计400克
大蒜……1/2瓣
橄榄油……2大匙
红辣椒……1根
酱油……1小匙
盐……1/2小匙
法棍面包（按个人喜好）……适量

烹饪方法

1.将菌菇的柄头去掉，切成适当大小，或撕成适当大小备用。大蒜切成薄片备用。

2.铸铁锅中加入橄榄油、大蒜、红辣椒，中火加热。煸出香味后，加入1中处理好的菌菇翻炒。

3.翻炒均匀后，盖锅盖，改小火，继续加热大约2分钟。

4.加入酱油、盐，搅拌均匀装盘。根据个人喜好，可以搭配法棍等食用。

再加工料理

如果在上面的料理中，加入甜板栗或核桃仁，就可以使口感和味道更加饱满而富有变化。如果在炒完菌菇后，淋入酱油醋汁，搅拌均匀，待其冷却，便可做成一道美味的日式腌菜。铸铁锅内的余温会赶走醋的酸味，留下柔和的香气，搭配意面、面包，令人回味无穷。

肉类料理食谱

珐琅铸铁锅能将热量均匀传递到锅内的每一个角落，所以用它做出的肉类料理软嫩多汁，就连较大的肉块也不例外。铸铁锅卓越的保温性能可以使薄肉片快速成熟，所以同样适用于快速烹饪。

从这里开始！

用铸铁锅制作 “肉类料理”的基本方法

要想将肉类做得美味，锁住肉香是关键。
用铸铁锅料理肉类，推荐“煮”“蒸”“炖”的烹饪方法。
先通过猪肉、鸡肉、牛肉的简单料理来掌握肉类烹饪的诀窍吧。

基本方法 1

用浸没肉块的热水煮肉，同时要记得盖严锅盖。由于铸铁锅能够最大限度地抑制香味流失，所以成品肉香浓郁，十分迷人。

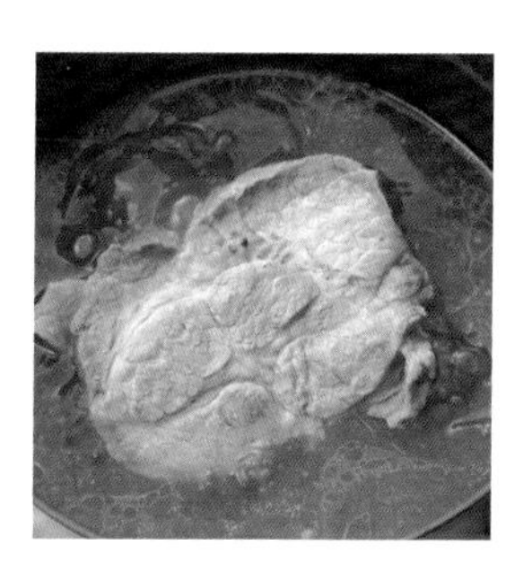

1 充分腌渍肉块

向肉块中揉进大量的盐，保证肉的底味。咸味进入肉内，会锁住肉的鲜香，即使经过水煮，香味仍会得以保留。

2 盖锅盖煮肉

洗去肉块表面的盐，放入铸铁锅中。倒入浸没肉块的水和用于除腥的香料，开火加热。待锅中的水滚开后，撇去水面上的白沫，改小火。盖锅盖，继续煮大约40分钟。

3 中途要翻转肉块

为了保证肉块能够均匀受热，中途要将肉块翻转一次。翻转后，盖锅盖煮大约30分钟。加热过程中，锅内会充满水蒸气，即使热水的量略低于肉块高度，也不会影响口感和味道。

水煮盐猪肉

原材料（便于烹饪的量）

猪梅花肉……500克
粗盐……1大匙
香叶……1片
黑胡椒粒……1/2小匙
葱白（切丝）……适量

烹饪方法

1.肉块中撒粗盐揉搓均匀，在冰箱里腌半天到一晚。

2.将1中备好的猪肉洗净，放入锅中，另外加入3杯水（不包括在原材料内）和香叶、黑胡椒，中火加热。

3.待锅中水滚开后，撇去水面上的白沫，改为小火，锅盖留缝，煮大约40分钟。

4.将肉块翻转，添加1杯水（不包括在原材料内）。待水再度沸腾后，锅盖留缝，继续煮大约30分钟。

5.关火静置，待稍微冷却后，将肉块切成易入口的大小，装盘撒上葱白丝即可。

烹饪建议 | 这道菜选用鸡腿肉，也同样美味。如果用鸡腿肉，腌制时间约为15 ～ 20分钟，煮肉时间大约40分钟。

再加工料理 1

盐煎猪肉

表皮酥脆的猪肉，淋上酱汁，就华丽变身为一道惹眼的美食。
之前做好的水煮盐猪肉已经充分入味，所以无需制作复杂的酱汁。
豆瓣菜的清香与略带苦涩的味道伴着肉香在口中弥漫开来，回味无穷，让人欲罢不能。

原材料（2人份）

第43页的水煮盐猪肉片……适量
豆瓣菜……1捆
A
- 橄榄油……1大匙
- 粗磨胡椒……少许

烹饪方法

1.豆瓣菜迅速焯水，切成碎末，与A中的调料充分混合备用。

2.中火加热平底煎锅，将猪肉片煎至两面金黄焦脆，取出装盘。最后淋上1中调好的豆瓣菜酱汁即可。

再加工料理 2

盐猪肉配烤面包片

经过水煮的猪肉质地软嫩，用手撕成细丝，可以用在多种料理中。
和番茄拌在一起，做成一道前菜风格的小食，是红酒的绝妙佐品。
充分吸收盐分的猪肉与清爽酸香的番茄搭配，最合适不过了。

原材料（2人份）

第43页的水煮盐猪肉片
……1～2片
番茄……1/2个
盐、橄榄油……各少许
法棍面包（切薄片）
……适量
欧芹（新鲜）……少许

烹饪方法

1.将水煮盐猪肉撕成丝状，番茄切成5毫米大小的块。

2.在1中加入盐、橄榄油搅拌均匀，做成小食，盛放在法棍切片上，放上欧芹点缀即可。

STAUB

基本方法 2

蒸

铸铁锅中加入肉和少量的水，开火加热，用锅中弥漫的高温水蒸气蒸肉。这种烹饪方法能充分锁住脂肪与香味，肉香醇厚，尽情享受吧！

1 在蒸之前，给肉加底味

将盐和酒充分揉进肉中，保证肉的底味，去除肉的腥味。比起用水煮，蒸可以减少肉香和咸味的流失，所以码底味用的作料量会有所减少，处理时间也会相应缩短。

2 加入少量的水，开火加热

在铸铁锅中加入少量的水、生姜和大葱的葱叶。其中水量的标准大约为1/4杯。中火加热，沸腾后，撇去水面上的白沫。

3 盖锅盖蒸肉，用余温加热

改小火，盖锅盖，继续蒸制。数分钟后（如果是鸡胸肉，约7分钟），关火静置，用余温继续加热，直到可以用手碰锅为止。

盐蒸鸡

原材料（便于烹饪的量）

鸡胸肉……2片

A 酒……1大匙
　盐……3/4小匙

大葱（葱青部分）
……1根葱的量

生姜（切薄片）……2～3片

生菜（切大块）、萝卜苗
……各适量

烹饪方法

1.鸡肉中揉进A中调料，腌制大约30分钟。

2.在铸铁锅中加入1/4杯水（不包括在原材料内）、1中的鸡肉和大葱、生姜，中火加热。待锅中水滚开后，撇去水面白沫，改小火，盖锅盖。

3.约7分钟后，关火静置，用锅内余温继续加热。

4.稍微冷却后盛出，切成易于入口的大小，与生菜、萝卜苗等配菜一同装盘。

烹饪建议　如果选用的是鸡腿肉，推荐参照第62页操作，不要加水，改用热油，将鸡肉边蒸边煎，这样色香味才会恰到好处。

再加工料理 1

盐蒸鸡佐梅酱

乳白色的鸡胸肉与充分释放梅干酸味的酱汁配搭堪称绝妙。
茗荷的清脆口感也是必杀技之一。
清爽可口的味道，让你即使食欲不佳，也会忍不住大快朵颐。

原材料（2人份）

第47页的盐蒸鸡肉……1片

A
- 梅干……1个
- 味噌……1大匙
- 味淋……1小匙
- 水……1/2大匙

紫苏……4片

茗荷……1个

烹饪方法

1.将盐蒸鸡放入冰箱冷藏约1小时(为了让鸡肉更加湿润)，取出切薄片。

2.将A中梅干去核，取2片紫苏切成碎末，与剩余的A混合均匀备用。

3.取另2片紫苏切细丝，茗荷切薄片，一起放入冷水中备用。

4.把1中处理好的鸡肉码入盘中，淋上2中调好的梅子酱汁，顶部放上3中食材即可。

再加工料理 2

盐蒸鸡佐西芹沙拉

蒸得软烂的鸡胸肉用来做手撕鸡也是不错的选择。
与口感爽脆的西芹搭配，鸡肉的嫩润感更加凸显。
再加入健康的鳄梨，一道口感满分的沙拉就完成了。

原材料（2人份）

第47页的盐蒸鸡肉……1/2片
西芹……1/2根
鳄梨……1/2个
A
- 蛋黄酱……1大匙
- 柠檬汁……1/2大匙
- 盐……1/3小匙
- 胡椒粉……少许

烹饪方法

1. 盐蒸鸡用手撕成方便食用的大小备用。西芹斜刀切薄片，鳄梨纵向一剖为二，再切成宽约1厘米的块备用。
2. 将A中调味料混合均匀，加入1中食材，拌匀即可。

STAUB
STAUB

基本方法 3

铸铁锅材质厚实，保温性能卓越，用它炖煮的食材会更加软嫩。由于良好的密封性，即使汤汁偏少也可做出美味料理。

1 油煎肉的表面

将肉裹好面粉，油煎肉的表面，以锁住肉的鲜香。之后将煎好的肉盛出备用。

2 炒制配菜，煎肉回锅

将配菜炒至糖色后，重新放入煎好的肉，加入葡萄酒。

3 盖锅盖，小火慢慢炖煮

为了防止煮开溢锅，锅中食材煮沸后锅盖留缝。最后用余温加热，使其入味。

红酒炖牛肉

原材料（2 人份）

适合炖煮的牛肉……300 克

A
- 盐……1/3 小匙
- 胡椒粉……少许

面粉……少许

大蒜……1/2 瓣

洋葱……中等大小，1 个

西芹、胡萝卜……各 1/2 根

橄榄油……1/2 大匙

黄油……10 克

红葡萄酒……3/4 杯

水煮番茄罐头……1/2 罐（200 克）

B
- 香叶……1 片
- 高汤块……1 个
- 番茄酱……1 大匙
- 盐……1/2 小匙
- 粗磨胡椒……少许
- 蜂蜜……1 小匙

烹饪方法

1. 牛肉用 A 中调料腌制 15 分钟，去除多余水分，裹面粉备用。
2. 大蒜切碎，洋葱、西芹切薄片，胡萝卜切成滚刀块。
3. 在铸铁锅中加入橄榄油，中火加热，炒制 1 中备好的牛肉。待牛肉全部呈焦黄色，取出备用。
4. 锅中加入黄油、大蒜、洋葱、西芹，中火炒制。蔬菜变软呈糖色后，将牛肉回锅，继续煸炒片刻，加入红葡萄酒。
5. 锅中食材沸腾后，撇去水面上的白沫，加入水煮番茄、B 中食材、半杯水（不包括在原材料内）。煮沸后改小火，盖锅盖留缝，继续炖煮约 40 分钟。其间要不时地搅拌，防止煳锅。
6. 放入胡萝卜，继续炖煮 15 分钟，用（不包括在原材料内）调味，搅拌均匀后关火。静置 10 分钟使其充分入味。

再加工料理 1

红酒牛肉焗法棍

将法棍中间掏空，放入软嫩多汁的牛肉！
牛肉的香味慢慢渗入面包，让人垂涎欲滴。
事先将面包烤一烤，定形的同时又能获得松脆的口感。

原材料（2人份）

第51页的红酒炖牛肉
……适量
法棍面包……10厘米长
比萨用奶酪……适量
粗磨胡椒……少许

烹饪方法

1.面包切成5厘米厚的圆段，中间留底掏空，烤制3～4分钟。将掏出的面包撕碎，与红酒炖牛肉混合均匀。

2.将红酒炖牛肉放入1中做好的面包中，撒上奶酪。

3.入烤箱烤制3～4分钟，撒上胡椒即可。

再加工料理 2

红酒牛肉意大利面

第二天，用剩余的红酒炖牛肉制作“奢侈”的意大利面，创意十足！
只需用红酒炖牛肉替代意面酱汁，做法简单易行。
在意大利面的选择上，可根据个人喜好，选择实心粉或传统宽面等。

原材料（2人份）

通心粉……120克

第51页的红酒炖牛肉
……2～3汤勺

欧芹（按个人喜好）
……适量

烹饪方法

1.通心粉按照标注的烹饪方法煮好备用。

2.锅中加入红酒牛肉，倒入1中面条，搅拌均匀。出锅装盘，根据个人喜好，撒适量欧芹。

值得推荐的
常见肉类料理食谱

接下来，将按照猪、鸡、牛不同种类的肉，
以常见菜为搭配，推荐相应的食谱。
珐琅铸铁锅不只可以料理肉块，处理薄肉片也十分出色。
尽情享受铸铁锅烹饪的乐趣吧！

甜辣猪排

甜辣炖猪排这道家常料理，完全可以用铸铁锅制作。
锅里高温蒸汽循环，使肉质温润爽弹。
用筷子轻轻一夹，肉块一分为二，这种软烂程度叫人欲罢不能。

原材料（便于烹饪的量）

猪排……500克
片栗粉或马铃薯淀粉……1/2大匙
青梗菜……1棵

A
- 大葱（葱青部分）……1根葱的量
- 生姜（切成薄片）……2～3片
- 酒……1/4杯

B
- 酱油……3大匙
- 味淋……2大匙
- 砂糖……1/2大匙

煮鸡蛋……2～3个

烹饪方法

1.猪排切成10厘米长的块，片栗粉或马铃薯淀粉用1大匙水（不包括在原材料内）溶解，青梗菜去根，叶片掰开备用。

2.中火加热铸铁锅，将1中猪肉放入锅中煎制，待猪肉两面呈浅金黄色捞出。擦去锅中的油脂，倒水并烧开，加入煎好的猪肉，煮大约10分钟。倒掉煮汤，用水快速清洗猪肉，切成两半。

3.在锅中加入2杯水（不包括在原材料内），将调料A和猪肉一同放入锅中，中火加热。待锅中水滚开后，撇去水面上的白沫，改为小火，加盖留缝，继续煮大约20分钟。

4.锅中加入调料B，盖锅盖留缝，再煮大约30分钟。中途如果水量不够，可按照1/2杯的标准添水。加入煮鸡蛋，大约5分钟后，放入青梗菜叶，盖锅盖，关火静置1分钟。

5.猪肉、鸡蛋、青梗菜捞出装盘。中火加热锅中的剩余汤汁，汤汁沸腾后，加入水溶的片栗粉或马铃薯淀粉勾芡。汤汁黏稠后关火，将其均匀淋在猪肉上即可。

再加工料理

将上面做好的肉块和大葱或鸭儿芹、煮鸡蛋等放在米饭上，就做成了美味可口的猪排肉盖浇饭；将肉块捣碎，与佐料一起拌匀，就是一道美味的冲绳风味拌饭。

猪里脊炖卷心菜

炖

炖煮前，猪肉要煎得恰到好处，肉香是这道料理的关键。
充分吸收猪肉香味的卷心菜，是这道料理的主角之一。
加入奶油奶酪，瞬间提升了料理的润滑口感。

原材料（2人份）

猪里脊肉（炸猪排用肉）……2片

A
- 迷迭香叶……1根的量
- 盐……1/2小匙
- 胡椒粉……少许

卷心菜……1/4个
洋葱……中等大小，1/2个
大蒜……1/2瓣
橄榄油……2小匙
高汤粉……1小匙
奶油奶酪……40克
粗磨胡椒……少许

烹饪方法

1.猪肉上划出多道切口，剔除肉筋，用A中调料涂抹猪肉，腌制10分钟左右。将卷心菜切成易入口的大小，洋葱、大蒜切薄片。

2.在铸铁锅中加入橄榄油、大蒜，开中火加热。煸出香味后，加入洋葱煸炒。

3.洋葱变软，呈焦黄色后，推至锅的一角，放入猪肉，煎至焦黄色后翻面。

4.加入1杯水（不包括在原材料内）、高汤粉，水开后改小火，加盖炖煮20分钟。

5.加入卷心菜、奶油奶酪，继续炖5分钟后，盖锅盖关火。余温加热约3分钟，使其充分入味，装盘撒上胡椒粉即可。

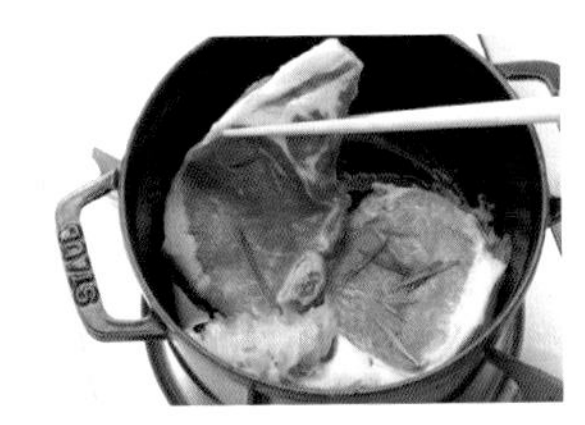

如图，为了使猪肉表面能够煎至定形，将洋葱堆至锅内一角，为煎猪肉腾出空间。

美食推荐看这里

猪里脊肉的料理笔记

八角香炖猪里脊

猪里脊肉（炸猪排用肉）与八角、大葱一同放入锅中炖煮。用酒、酱油、味淋等调节甜辣味，一道中式的炖猪肉就完成了。稍微冷却后，将猪肉切成方便入口的大小，加入鸭儿芹、黄芥末等辅料即可。

红薯茄汁烧猪肉片

蒸 煮

这是一道猪肉与足量蔬菜一起煮的料理。
最重要的是利用番茄的水分，小火咕嘟咕嘟慢煮。
红薯的加入使味道更加绵软柔和，回味甘甜。

原材料（2人份）

薄猪片肉……200克
盐、胡椒粉……各少许
番茄……2个
洋葱……中等大小，1/2个
大蒜……1/2瓣
红薯……1/2根
黄油……10克
A 高汤粉……1小匙
盐……1/2小匙
胡椒粉……少许
罗勒叶……2～3片

烹饪方法

1.用少许盐和胡椒粉腌制猪肉。番茄切适当大小的块，洋葱、大蒜切成碎末。红薯去皮，切成1.5厘米大小的块，放入水中煮大约5分钟，去除涩味。

2.铸铁锅中加入黄油、大蒜、洋葱，中火加热，煸炒至食材变软。

3.加入猪肉、红薯，继续煸炒一会，加入番茄以及A中调料，搅拌均匀，盖锅盖，中火炖煮10～15分钟。

4.将罗勒叶撕碎，加入锅中，加盐（不包括在原材料内）调味，关火即可。

美食推荐看这里

猪肉片的料理笔记

酒蒸猪肉片

预热好的铸铁锅中，加入盐、胡椒腌渍的猪肉片，放入生姜末以及少量的酒后盖锅盖加热。约1～2分钟之后关火，用余温继续加热，这样做出来的猪肉口感松软。这道菜中也可以加入大葱或水菜等配菜。

肉糜糕

即使是制作费时、工序复杂的肉糜糕，铸铁锅也可以完全胜任！
小火蒸煎后，用余温实现肉糜糕的松软口感。
在切分肉糜糕时，注意使用木铲等不会刮坏锅内壁的工具。

蒸 煎

原材料（便于烹饪的量）

猪肉糜……800克
洋葱……小个，1个
A
- 盐……3/4小匙
- 胡椒粉、肉蔻粉……各少许

B
- 鸡蛋……3个
- 面包粉……1/2杯

核桃（切碎）……80克
橄榄油……少许
迷迭香……2根
C
- 番茄酱、辣酱油……各1/4杯
- 黄油……20克
- 大蒜（擦成碎末）……1/2小匙

烹饪方法

1.洋葱切碎末备用。

2.中火加热铸铁锅，放入一半的猪肉糜、洋葱，煸炒至肉糜变色后，盛入碗中冷却。此时需要清洗一次铸铁锅。

3.向2中加入剩余的一半猪肉糜，与调料A充分混合，之后与B、核桃碎混合均匀。在铸铁锅底涂上少许橄榄油，将上述混合物铺满锅底，放上迷迭香。

4.盖锅盖，小火加热45分钟。关火，静置10分钟。

5.将C中的调料放入耐热容器内，搅拌均匀，用保鲜膜封口，放入微波炉中加热1分半钟。

6.待肉糜糕稍微冷却后，切分成适合入口的小块，淋上5中的酱汁即可。

美食推荐看这里

猪肉糜的料理笔记

香酥猪肉炒豆芽

铸铁锅放油，将猪肉糜炒至香酥，加入豆芽，盖锅盖关火，利用余温使豆芽成熟，最后用盐、胡椒调味。趁着香酥温热时食用，味道最佳。

香脆嫩煎鸡腿肉

油煎至鸡肉表面焦黄后，盖锅盖继续加热，使鸡肉完全成熟。
比起平底煎锅，铸铁锅受热更均匀，可使鸡肉外酥里嫩！
由于锅内表层进行了防粘处理，所以使用后的清洁也很简便。

原材料（2人份）

鸡腿肉……2小只（400克）

A
- 大蒜（擦成碎末）……1/2小匙
- 盐……1/2小匙
- 粗磨胡椒……少许
- 白葡萄酒……1/2大匙

片栗粉或马铃薯淀粉……少许
色拉油……2大匙
粗磨胡椒……少许
生菜（按个人喜好）……适量

烹饪方法

1.用A中调料腌制鸡肉5分钟，擦干鸡肉表面水汽，裹好片栗粉或马铃薯淀粉备用。

2.铸铁锅中倒色拉油，中火加热。鸡腿肉入锅，注意带皮一侧先入锅，煎至鸡肉呈现焦黄色。

3.改小火，盖锅盖，边煎边蒸约2分钟。

4.将鸡肉翻转，继续煎2～3分钟。

5.取出鸡肉，待其稍微冷却后，切分成小块，撒上胡椒。按个人喜好，可以搭配生菜一起食用。

如图，从带有鸡皮一侧开始煎制，盖锅盖后，保持不动。待一面呈现焦黄色后，翻转鸡肉，煎制另一面。另外，由于打开锅盖时，水蒸气可能会滴落油中，引起油花四溅，所以要避免揭开锅盖后过度倾斜锅盖。

再加工料理

待上面的香脆鸡腿肉稍微冷却后，切成便于入口的大小，搭配番茄、黄瓜，就制成一道可以当作主菜的沙拉。也可以加入其他喜爱的食材一起食用。

简易鸡肉咖喱饭

用铸铁锅制作日常的咖喱饭，可以让你品尝到不一样的美味。铸铁锅能够使味道充分沁入食材，即便是刚刚完成的咖喱饭，也有一种犹如放置一夜的浓厚味道。

炖

原材料（2人份）

鸡排肉……300克

A
- 咖喱粉……1大匙
- 酸奶……3大匙
- 盐……1/3小匙
- 大蒜、生姜（擦成碎末）……各1/2小匙

洋葱……中等大小，1个

番茄……2个

色拉油……1大匙

孜然粒（可省略）……1小匙

B
- 番茄酱……1大匙
- 蜂蜜……1小匙
- 盐……少许

米饭……适量

欧芹（按个人喜好）……适量

烹饪方法

1.用A中调料腌制鸡排肉10分钟左右。

2.洋葱、番茄切碎备用。

3.在铸铁锅中加入沙拉油、孜然粒（可省略），中火加热。待锅中油热后，加入洋葱，翻炒约10分钟，洋葱呈金黄色后，加入番茄。

4.将1中腌好的鸡排肉与汤汁一起放入锅中，搅拌均匀，盖锅盖，炖煮10分钟。

5.加入B中调料，混合均匀。盖锅盖，继续炖煮大约5分钟后，关火。

6.在盘中盛入米饭和适量咖喱，根据个人喜好，撒适量欧芹。

再加工料理

在上面的咖喱饭中，加入与番茄一起煮过的小扁豆（第115页）或鹰嘴豆等个人喜好的豆类，会让鸡肉咖喱饭更加健康美味。如若加入一些软糯的马铃薯块，也十分合适。另外，推荐大家用鸡腿肉替代鸡排肉做做看。

醋香翅根

铸铁锅材质抗酸性强，可以用醋来烹饪料理。
炖鸡翅根时，加入适量的醋，能够去除肥腻感，使口感爽嫩。
炒成金黄色的洋葱，其香气能恰到好处地柔和醋的酸味。

原材料（2人份）

鸡翅根……6根
洋葱……1/2个
大蒜……2瓣
色拉油……适量
A 酱油……2大匙
A 醋……3大匙
A 味淋……1大匙
生姜丝……适量

烹饪方法

1.洋葱切薄片，大蒜去皮，用刀背轻轻拍碎备用。

2.铸铁锅中倒入色拉油和大蒜，中火加热。待大蒜煸香后，加入鸡翅根。

3.鸡肉表面全部呈现焦黄色后，加入洋葱，继续翻炒片刻。加入1/2杯水（不包括在原材料内）和A中调料。

4.待锅中的水沸腾后，撇去水面上的白沫，加盖留缝，改小火，继续煮大约15分钟。再次搅拌锅内食材，锅盖留缝，煮大约15分钟。

5.出锅装盘，放上姜丝即可。

再加工料理

如果不喜欢酸味，可以不放醋，延长炖煮时间，直到汤汁浓稠，将味道调成甜辣味。也可以选择加入鸡蛋增加菜量。加煮鸡蛋的时机是在菜品完成前的5分钟，这时加入能使味道充分沁入鸡蛋中。

鸡肉丸子汤

将鸡肉丸子放在白菜叶上蒸煮，丸子的松软口感会大大提升。
蒸丸子的汤汁融合了鸡肉与白菜的香味，也是一道不错的汤品。
根据自己的喜好，在成品中加入水菜、芹菜、韭菜等易熟的青菜。

蒸 煮

原材料（2人份）

鸡肉糜……200克

A
- 生姜汁……1小匙
- 酒……1大匙
- 盐……1/3小匙
- 胡椒粉……少许
- 片栗粉或马铃薯淀粉……1大匙
- 水……1大匙

白菜……1～2片

B
- 出汁或高汤……1杯
- 盐……1/4小匙

烹饪方法

1.将鸡肉糜和A中调料放入碗中，充分混合均匀备用。

2.将白菜切细丝，平铺在锅底。

3.用汤勺将1中肉糜分成6份，每份团成丸子状后，依次放入2中。将B中料汁调匀后，小心倒入锅中。

4.中火加热，待锅中汤汁沸腾后改小火，盖锅盖，煮大约8分钟即可出锅。

图示为丸子放在白菜上之后，向锅内浇入出汁或高汤。加汤时要注意，汤汁不要直接浇到丸子上，以免打散丸子的形状。

再加工料理

在热油锅中加入鸡肉丸子煎制，再放入番茄罐头一起炖煮，使其充分入味。最后加入盐、胡椒调味，一道番茄丸子就做好了。根据个人喜好，也可以加入一些菌菇等配菜。

简易慢煮鸡翅汤

小火慢煮，鸡翅汤色泽清澈。
柔和细腻的味道，使身体和心灵都得到滋润。
鸡翅汤可以用于其他料理，提前分成若干份，冷冻储藏，方便快捷。

原材料（2人份）

鸡翅……4～6根
大葱（葱青）……1根葱的量
生姜（切薄片）……2～3片
酒……2大匙
A
- 鱼露……1匙半（大匙）
- 粗磨胡椒……少许
- 红辣椒（切段）……少许

大葱……10厘米长
香菜（按个人喜好）……适量

烹饪方法

1. 铸铁锅内放入鸡翅、大葱的葱青、生姜，倒入3杯水（不包括在原材料内）和酒。
2. 中火加热，待锅中水滚开后，撇去水面上的白沫，改小火，盖锅盖留缝，煮20～30分钟。
3. 加入A进行调味，将切成碎末的大葱加入锅中关火。出锅装盘，按个人喜好撒入香菜。

再加工料理

在出锅前10分钟，可以添加麦片，丰富口感。另外，这道汤品同时可以用作底汤，或者做汤饭。加入撕碎的鸡翅尖肉，一道新加坡风味的鸡肉饭就完成了，还可以与米饭搭配，做成茶泡饭。

牛肉汉堡

汉堡要先充分煎制，之后用大量的蒸汽蒸，
这样才会内外蓬松，丝毫不逊色于西餐厅的汉堡。
作为汉堡配菜的食材可在一口锅里同时完成，方便快捷。

原材料（2人份）

牛肉糜……300克

洋葱……中等大小，1/4个

A
- 鸡蛋……1/2个
- 面包粉……1/4杯
- 盐……1/4小匙
- 胡椒、肉豆蔻……各少许

土豆……中等大小，1个

胡萝卜、食用菇……各50克

大蒜……1/2瓣

橄榄油……1大匙

迷迭香……1根

B
- 红葡萄酒……1/4杯
- 中浓蔬菜酱汁……3大匙
- 酱油……1大匙
- 砂糖……2小匙

迷迭香（装饰用）……适量

烹饪方法

1.洋葱切碎末，与牛肉糜、A中食材一起放入碗中，搅拌均匀。平均分成2份，团成圆饼形。

2.将土豆、胡萝卜切成2厘米大小的块，大蒜切成薄片，食用菇切两半备用。

3.铸铁锅内加入一半的橄榄油，中火加热。将1中的汉堡肉放入锅中，煎至焦黄色。另一面同样煎至呈焦黄色后，取出备用。

4.用厨房纸巾迅速将3中的锅擦拭干净，加入剩余的橄榄油、大蒜，中火加热，煸炒2中剩余食材。

5.锅内撒入少量盐（不包括在原材料内），充分搅拌均匀后，将3中煎好的汉堡肉回锅，放入迷迭香，盖锅盖，改小火，加热大约15分钟。关火静置约5分钟。

6.在耐热碗中调匀B中调料，用保鲜膜封口，放入微波炉中加热1分半钟。

7.出锅装盘，淋上6中调料，放上迷迭香装饰即可。

再加工料理

上面的汉堡煎好后，加入糖渍炖酱汁、番茄酱、辣酱油等一起炖煮，便可变身为汉堡肉。再加入食用菇、胡萝卜、洋葱等，便可做成一道分量十足的宴请美食。

如图，将肉糜团成胖胖的、厚厚的肉饼。待肉饼双面均煎成焦黄色后，取出即可。

罗勒蒜香炖牛腱

经过炖煮的牛腱肉，软烂多汁。小火慢炖，不必担心肉质干老。
将煮得软烂的大蒜碾碎，调成黏稠的酱汁，无比美味。

炖

原材料（2 人份）

牛腱肉……300 ～ 350克

A
- 盐……1/2 小匙
- 胡椒粉……少许

大蒜……1/2 头

B
- 罗勒叶……3 ～ 4片
- 橄榄油……4 大匙

香叶……1片

黑胡椒粒……1/2 小匙

罗勒叶……适量

柠檬（按个人喜好）……适量

烹饪方法

1. 用 A 中调料腌制牛腱肉约 20 分钟。大蒜剥皮备用。

2. 将 B 中的罗勒叶片剁碎，与橄榄油混合均匀。

3. 在铸铁锅中加入 1 中食材、香叶、黑胡椒粒和水（不包括在原材料内），浸没过食材，中火加热。待锅中水滚开后，撇去水面上的白沫，盖锅盖留缝。改小火，继续炖煮大约 40 分钟。其间要保证锅内水量，水分不足可按照 1/4 杯的量添水。

4. 加入罗勒叶后关火，淋入 2 中的罗勒油。按个人喜好，可挤入柠檬汁。

再加工料理

将上面的炖牛肉撕成细丝，与奶油奶酪充分混合，可以用作三明治的馅料。推荐选用法棍面包制作三明治，可搭配生菜、鳄梨等果蔬。

橙香牛肉蒸菠菜

这道料理的关键是盖锅盖快速蒸制，最后用余温加热。
完成后牛肉软烂、菠菜鲜绿清爽，色香味恰到好处。
柚子胡椒的辛辣味使味道更加丰富饱满。

原材料（2人份）

牛肉薄片……200克

A ┌酒……1大匙
  └柚子胡椒……1大匙

菠菜……100克

橙皮（按个人喜好）……适量

烹饪方法

1.将A中调料混合后与牛肉片拌匀备用。洗净菠菜，切成6厘米长的段。

2.将1中食材混合，放入铸铁锅，中火加热。待锅热后，翻炒几下，盖好锅盖，继续加热大约3分钟。

3.关火，利用余温加热大约1分钟，装盘撒橙皮即可。

换种食材来料理

将这道菜中的牛肉替换为猪肉（碎肉块等），同样可以做出一道美味料理。另外，推荐大家加入橙汁，或挤入香橙、臭橙、酢橘等应季柑橘类的新鲜果汁，使菜肴清新爽口。

PART 3

鱼类料理食谱

料理鱼类对火候的要求很高，但对于铸铁锅却是小菜一碟。针对那些在料理过程中肉质易老的鱼片、虾、贝类，可以提前关火，利用锅内余温慢慢加热，保持肉质软嫩。当然，需要长时间慢慢炖煮的鱼类，铸铁锅也会满足你在口感上的要求。

从这里开始！

用铸铁锅制作“鱼类料理”的基本方法

处理鱼类和贝类时，最值得推荐的烹饪方法是，
巧妙利用铸铁锅的余温，“快速煎、蒸”或咕嘟咕嘟地“慢炖”。
通过烹饪鱿鱼和章鱼，快速掌握鱼类料理的基本方法吧！

快速煎蒸

在前面的章节中，我们多次提到铸铁锅在加热一段时间后，关火静置。这种做法可以使对火候要求严苛的鱼贝类料理软嫩弹牙，鲜美无比。

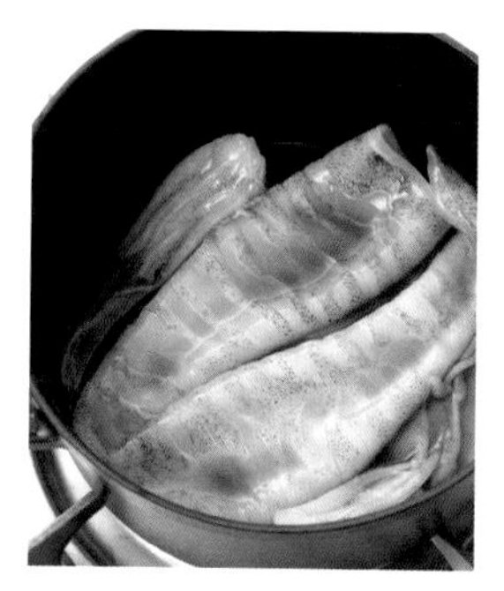

1 将鱿鱼放入铸铁锅内加热

将调好底味的鱿鱼放入铸铁锅，中火加热。

2 加热过程中要翻转鱿鱼

锅中发出滋滋的声音，鱿鱼呈现浅浅的焦色后翻面。

3 盖锅盖，用余温蒸制

盖严锅盖后关火，利用余温继续加热。

酱油煎鱿鱼

原材料（2人份）

鱿鱼……小只，2条

A ┌ 酱油、酒、味淋……各1小匙
  └ 生姜汁……少许

香葱（切葱花）……适量

烹饪方法

1.将鱿鱼的身体与头部分开，剔除内脏、嘴、软骨等，在鱿鱼身体上划出豁口。如果鱿鱼个头较大，就将其身体对半切分。然后用A中调料腌制大约5分钟。

2.将1中处理好的鱿鱼放入铸铁锅中，中火加热，待鱿鱼变成焦黄色后翻面。两面都煎好后盖锅盖，关火静置，用余温加热大约1分钟。

3.在做好的鱿鱼上撒适量香葱即可。

烹饪建议 同样推荐尝试第88页的盐煮鲑鱼的烹饪方法。即简单煮过后，直接蒸制，这样的成品软嫩弹牙。

慢煮

由于铸铁锅导热均匀稳定，因此即便是烹饪难煮熟的鱼、贝、虾，铸铁锅也可以保持其肉质软嫩多汁。

1 将章鱼和出汁或高汤一起放入锅中

在还未开始加热的铸铁锅中加入章鱼、出汁或高汤、用于去腥的生姜，中火加热。出汁或高汤的量能够刚刚浸没过章鱼即可。

2 锅中沸腾后，盖严锅盖

待锅中汤汁沸腾后，改小火，盖锅盖慢煮约50分钟。按个人喜好，也可以炖煮更长时间。

3 当食材变软后，加入调味料

章鱼变软后，加入调味料。盖好锅盖，继续煮约10分钟，使其入味。做好后可立即食用，冷食味道更佳。

日式章鱼煮

原材料（2人份）

水煮章鱼……2～3根（约300克）

A 出汁或高汤……1杯
　酒……1/4杯

生姜……1/2片

淡口酱油、味淋……各1/2小匙

鸭儿芹……适量

烹饪方法

1. 章鱼一切为二，生姜切成细丝备用。
2. 将章鱼、生姜、A中调料放入铸铁锅中，中火加热。待锅中汤汁沸腾后，改小火，盖锅盖，煮约50分钟。其间，如果锅内水量不足，可按照1/4杯的量加水。
3. 加入淡口酱油和味淋，盖锅盖继续煮10分钟。
4. 出锅装盘，撒上鸭儿芹即可。

烹饪建议　如果鱿鱼也采用这种咕嘟咕嘟慢炖做法，其紧绷的纤维会重新舒解，肉质更加软嫩。

值得推荐的
常见鱼类料理食谱

大部分的鱼贝类在成熟后继续用余温蒸制，
都可以达到软嫩多汁的程度。
铸铁锅烹饪鱼类料理，能让鱼从头到尾变得软嫩，
让鱿鱼、章鱼越炖越爽弹。
慢慢地炖煮，静静地等待，也不失为一种生活乐趣。

梅干煮沙丁鱼

小火慢炖，让沙丁鱼软嫩到骨头里。
火力稳定的铸铁锅炖鱼不易走形，还能保持肉质松软。
沙丁鱼与梅干的搭配，既去除了鱼腥，又增添了新风味。

原材料（2 人份）

沙丁鱼……4 条
生姜……1/2 片
A
- 出汁或高汤……1/2 杯
- 酒、酱油、味淋……各 1 匙半（大匙）
- 砂糖……1 小匙

梅干……2 个

烹饪方法

1. 将沙丁鱼剔除头和内脏后，清洗干净。生姜切成薄片。
2. 铸铁锅内放入 A 中调料，中火煮开，加入 1 中食材与梅干。把厨房纸巾当作小锅盖，直接覆盖在鱼肉上，使食物汤汁能够均匀分布。
3. 改小火，盖严锅盖，炖煮大约 15 分钟。
4. 摘掉纸锅盖，略微倾斜铸铁锅，使鱼肉均匀沾上汤汁后，再稍煮一会儿。关火后盖严锅盖，静置 5 分钟，利用余温继续加热。

美食推荐看这里

沙丁鱼的料理笔记

油渍沙丁鱼

将沙丁鱼切成较大的块，与足量的橄榄油、黑胡椒粒、香叶、大蒜一起放入铸铁锅中，中火加热。当锅中开始冒出热气，且滋啦滋啦响时，关火加盖锅盖，利用余温使鱼肉继续受热。这种做法做出的油渍鱼能够在冰箱中保存一周。另外，秋刀鱼或竹荚鱼也同样适用这种做法。

松软旗鱼块

像旗鱼这样肉质容易干柴的鱼类，最能检验出锅具烹饪性能的优劣。
用黄油煎鱼，然后边煎边蒸，这样做出来的鱼肉软嫩多汁！
搭配的蔬菜按成熟先后依次加入锅中，这样味道才会更棒。

快速煎蒸

原材料（2人份）

旗鱼肉……2片

A
- 百里香（碾碎）……1～2根的量
- 大蒜（切成薄片）……1/2瓣的量
- 白葡萄酒……1/2大匙
- 盐……1/3小匙
- 粗磨胡椒……少许

芦笋……2根
黄柿子椒……1/2个
黄油……10克
盐……少许

烹饪方法

1.将A中调料与旗鱼肉混合均匀，腌制大约5分钟。芦笋三等分切段，黄柿子椒切成2厘米宽的条。

2.在铸铁锅中加入黄油，中火加热。放入1中腌好的旗鱼肉，煎至两面呈焦黄色。

3.旗鱼翻面后，在锅内一角加入芦笋、柿子椒，撒适量盐，盖锅盖加热1分钟。关火，余温加热1分钟即可。

美食推荐看这里

旗鱼的料理笔记

照烧旗鱼块

与上面的制作方法大同小异，只需改变一下调料，这道菜就可变身为一道经典日式菜肴。具体做法如下：铸铁锅中放黄油加热，煎制旗鱼两面，加入酱油和味淋略煮一会儿。放大葱，盖锅盖关火，用余温继续加热几分钟，出锅装盘即可。建议大家也可以尝试将旗鱼换成鲕鱼来料理。

盐煮鲑鱼

充分吸收汤汁味道的鲑鱼鲜香诱人、清淡爽口。
加入鲑鱼后，改小火，用余温慢慢使鱼肉入味，保持软嫩多汁。
充分的炖煮使山药软糯入味，齿颊留香。

快速煮蒸

原材料（2人份）

生鲑鱼……2片
盐……1/4小匙
山药……200克
A
- 出汁或高汤……1/2杯
- 酒……2大匙
- 盐……1/2小匙

鸭儿芹……适量

烹饪方法

1.鲑鱼切成一口大小的鱼块，撒盐备用。山药去皮，切成2厘米厚的段。

2.将A中调料加入铸铁锅，中火煮沸，放入山药段。

3.煮2分钟后，加入鲑鱼块，盖锅盖，小火加热5分钟。

4.关火静置5分钟后，出锅装盘，撒上鸭儿芹加以点缀。

美食推荐看这里

鲑鱼的料理笔记

蓝纹奶酪炖番茄鲑鱼

将鲑鱼切成一口大小的鱼块，用盐、胡椒、百里香腌制。番茄同样切成一口大小的块状，洋葱和大蒜切碎末。将上述食材一起放入铸铁锅中，用高汤炖煮成熟。加入味道醇厚的蓝纹奶酪，待奶酪完全熔化，香气四溢后，关火出锅即可。

奶汁鳕鱼马铃薯

奶汁焗菜风味料理，用一口铸铁锅就可以轻松实现。
加入鲜奶油和牛奶一起煮，就能使菜肴黏稠软滑。
将热腾腾的铸铁锅端上餐桌，作为寒冷时节的宴客菜最合适不过了。

慢煮

原材料（2人份）

鳕鱼……2片
洋葱……中等大小，1/2个
大蒜……1/2瓣
马铃薯……中等大小，2个
培根肉……2片（30克）
A
- 牛奶、鲜奶油……各1/2杯
- 小麦粉……1大匙
- 高汤粉……1小匙
- 盐……1/2小匙
- 粗磨胡椒……少许

百里香……1～2根
比萨用奶酪……80克
粗磨胡椒……少许

烹饪方法

1.将鳕鱼四至五等分切块，洋葱、大蒜切薄片，马铃薯去皮，切成半厘米厚的圆片，培根肉切成丝。将A中食材充分混合备用。

2.按照洋葱、大蒜、土豆、马铃薯、培根肉、鳕鱼的顺序叠放入铸铁锅中，此过程反复两次。最后放百里香、奶酪以及调好的调料A。

3.中火加热，待锅中咕嘟咕嘟冒泡后，改为小火，盖好锅盖，继续加热20分钟。

4.关火，静置1分钟，最后撒入胡椒粉即可。

美食推荐看这里

鳕鱼的料理笔记

香草鳕鱼

用百里香、牛至、大蒜、白葡萄酒腌制鳕鱼，根据个人习惯，撒适量的盐。将腌好的鳕鱼放入热锅中，盖锅盖加热。成熟后关火，用铸铁锅的余温蒸制一会儿。打开锅盖，就能闻到令人叫绝的香草清香了。

STAUB

意式酒香鲷鱼

这是一道加入了白葡萄酒的意大利风味料理。
用铸铁锅制作，鲷鱼肉的细嫩鲜美能够完全保留。
将一起炖煮的番茄压碎，使味道更饱满浓郁。

快速煮蒸

原材料（2人份）

鲷鱼（鱼片）……2片

A
- 白葡萄酒……1大匙
- 百里香（碾碎）……1根
- 大蒜（切成薄片）……1/2瓣
- 盐……1/3小匙
- 粗磨胡椒……少许

黄柿子椒……1/4个
小番茄……8个
白葡萄酒……1/4杯
青橄榄（罐头）……4～6个
橄榄油、盐、粗磨胡椒……各少许
欧芹（切碎）……适量
柠檬（按个人喜好）……适量

烹饪方法

1.用A中调味料与鲷鱼肉混合，腌制大约5分钟。

2.将柿子椒切成细丝，小番茄去茎去蒂备用。

3.铸铁锅内倒入白葡萄酒，煮沸后，加入1中腌好的鲷鱼片、柿子椒、青橄榄，盖好锅盖，中火加热5分钟。

4.加入小番茄，盖锅盖继续加热约1分钟后关火。出锅装盘，淋入橄榄油，撒上盐、胡椒、欧芹末即可。按个人喜好，可挤入柠檬汁。

再加工料理

在上面烹饪的最后环节，可以像制作砂锅料理那样，加入意大利面。另外，也可以加米饭，做成意大利肉汁烩饭。做肉汁烩饭时，建议用黄油来提升风味。

椭圆铸铁锅的完美烹饪
意式海鲜焖全鲷

相信大家已经能够熟练使用圆口铸铁锅，接下来要挑战的是椭圆口铸铁锅。它有着与小巧可爱的圆口锅不同的美感，同样适合直接端上餐桌，作为宴请的一部分。现在，我们用椭圆口铸铁锅来重新制作第92页的“意式酒香鲷鱼”。这次将食材中的鲷鱼片换成一整条鲷鱼，并增加一些虾贝类食材。这道全新的“意式海鲜焖全鲷”，定是您宴请宾朋的最佳选择。

烹饪方法

（选用椭圆长径为27厘米的铸铁锅，制作便于烹饪的量）

❶将长度在20～23厘米之间的鲷鱼处理干净，表面划口，用2～3大匙白葡萄酒、2～3根百里香、1/2瓣的蒜片、1小匙盐和少量粗磨胡椒腌制约5分钟。❷在铸铁锅内加入1/2杯水，中火加热。待水滚开后，放入鲷鱼，盖好锅盖，加热5分钟。❸开背处理的鲜虾4只、吐沙洗壳的蛤仔200克、半个黄柿子椒切丝、半根西芹切段（1厘米长）、青橄榄8颗，一起放入锅中，盖严锅盖，继续加热5分钟。❹加入8～10颗小番茄，盖锅盖加热1分钟后关火。均匀淋入橄榄油，撒上盐、胡椒粉即可。

27厘米　　23厘米

Staub椭圆口铸铁锅有长径11厘米、15厘米、17厘米、23厘米和27厘米的规格可供选择。如果要烹饪一整条鱼，建议选择27厘米的铸铁锅；如果烹饪较小的肉块，23厘米的铸铁锅更合适。

番茄鱿鱼煮

鱿鱼和番茄的搭配无疑是这道料理成功的关键。
需要注意的是，如果鱿鱼加热时间过长，肉质会变得僵硬。
保持肉质紧绷弹牙的秘诀在于利用余温使鱿鱼迅速受热。

快速煮蒸

原材料（2人份）

鱿鱼……小只，2杯量
洋葱……1/2个
大蒜……1/2瓣
柿子椒（红色、黄色）……各1/2个
橄榄油……2小匙
水煮番茄罐头……1/2罐（200克）
A
- 高汤粉……1小匙
- 盐……1/2小匙
- 胡椒……少许
- 百里香……1根
- 清水……1/2杯

鲜奶油……1～2大匙

烹饪方法

1.将鱿鱼的身体和头部分开，去除内脏、嘴部和软骨后，清洗干净。鱿鱼身体部分切成小圆段，洋葱、大蒜切碎末，柿子椒切成适当大小备用。

2.在铸铁锅中加入橄榄油，放大蒜，中火煸炒。待煸出香味后，放洋葱继续煸炒。

3.锅中加入番茄罐头、A中所有材料，滚开后，改小火，继续煮约15分钟。

4.将柿子椒、鱿鱼放入锅中，搅拌均匀，盖锅盖蒸煮，约2分钟后关火。如果时间充裕，煮上30分钟，鱿鱼的纤维全部溶解，就能够感受另一种醉人的舌尖体验了。最后加入鲜奶油搅拌均匀即可。

美食推荐看这里

鱿鱼的料理笔记

鱿鱼的料理笔记

将鱿鱼切成小圆段，西芹切薄片。铸铁锅中放柠檬加热，然后放入鱿鱼、西芹，盖上锅盖关火。静置片刻，出锅均匀淋上橄榄油，撒适量盐、胡椒粉即可。需要注意的是，鱿鱼不要加热过长时间。大家不妨用新鲜的鱿鱼试着做一做。

西班牙风味蘑菇虾仁

这是一道西班牙塔帕斯风味料理，也是一道佐酒佳品。
用足量的油慢慢加热鲜虾，其弹牙口感令人欣喜。
不管是意大利面还是法棍面包，都能与之完美搭配。

快速煮蒸

原材料（便于烹饪的量）

鲜虾仁……200克
双孢菇……1包（100克）
大蒜……1/2片
红辣椒……1根
橄榄油……1/2杯
盐……1/2小匙

烹饪方法

1.双孢菇切十字，四等分。大蒜切碎末备用。

2.铸铁锅中加入所有材料，中火加热。锅中沸腾后，翻动食材，搅拌均匀。

3.鲜虾全部变成肉粉色后，盖好锅盖，关火静置5分钟即可。

美食推荐看这里

鲜虾的料理笔记

鲜虾酱

将大蒜、鲜虾、马铃薯、牛奶、百里香等一起放入锅中炖煮。待锅中汤汁煮干，用食品搅拌机充分搅碎食材（或用擀面杖将食材捣碎）。之后加入酸奶油、盐、胡椒，装入模具或容器中即可。鲜虾酱可用作招待宴请的前菜等。

特色香辣蛤仔

秘诀在于短时间加热，使蛤仔肉质软嫩饱满。
鲜美适度的麻辣口味既下饭，又配酒。
加入香茅草，又是一种不同的味觉体验。

快速炒蒸

原材料（2人份）

蛤仔……400克
色拉油……2小匙
A
- 鱼露、酒……各1/2大匙
- 大蒜（切碎末）……1小匙
- 红辣椒（切丁）……少许

香菜、酸橙……各适量

烹饪方法

1. 蛤仔吐沙洗壳，冲刷干净。
2. 在铸铁锅内加入色拉油，中火加热，放蛤仔稍加翻炒。
3. 盖锅盖，加热1分钟后，均匀淋入A中调味料。加盖继续加热1分钟。
4. 关火装盘，撒上香菜、酸橙即可。

美食推荐看这里

贝类的料理笔记

黄油扇贝

在铸铁锅中加入黄油、大蒜（擦碎末），中火加热。待黄油稍微焦煳后，加入用盐、胡椒腌好的扇贝以及白葡萄酒，大火煮开。关火用余温继续加热片刻。最后撒欧芹末、面包碎等即可。

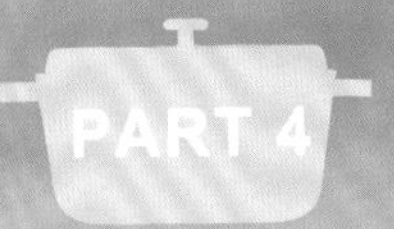

米饭料理食谱

用铸铁锅做出的米饭，有着绝对出众的口感。每一颗米粒都是外表饱满、中间松软。就算饭凉了，米香依旧，魅力非凡。

米饭的基本烹饪方法（便于烹饪的量）

将2合（合为日本容积单位，1合约等于180毫升。——译者）大米洗净沥干，放置约10分钟。铸铁锅内加入2合米、360毫升水，浸泡20分钟。盖严锅盖，中火加热。水开后（或打开锅盖听到咕嘟咕嘟的声响），改小火，继续加热10分钟。关火静置，余温继续加热10分钟即可。

五谷饭团

在日常的白米中加入各种杂谷，让你轻松补充矿物质与食物纤维的同时又能大大提升米饭的味道和口感。冷食口感依然劲道弹牙，是便当制作的最佳伴侣。

原材料（便于烹饪的量）

米……2合
水……360毫升
混合杂谷……2～3大匙
盐……适量
日式咸菜（按个人喜好）
……适量

烹饪方法

1.将大米淘洗干净，加入混合杂谷。按照前面的烹饪方法，将杂谷米饭蒸熟。

2.稍稍冷却后，在手上撒些盐，将米饭捏成饭团。按个人喜好，可以加入日式咸菜等。

column

请选择体型较小、直径16厘米的煮饭专用铸铁锅

本书中介绍的料理大多使用圆口型直径18厘米或20厘米的铸铁锅制作。下图中的直径16厘米的铸铁锅才是最适合煮饭的型号。这个规格的锅一次可以煮1.5合的米饭，非常适合饭量小、又希望每次都能吃到新鲜米饭的人群。其略微纵长的构造也是个性十足。

鱼干豆瓣菜饭团

沙丁鱼的鲜咸与豆瓣菜的微苦：饭团的味道独特而又和谐。
豆瓣菜要在最佳时机下锅，才能保持鲜绿的色泽。
也可以用鳀鱼干代替沙丁鱼干，又是另一番体验。

原材料（3～4人份）

米……2合
水……360毫升
豆瓣菜……1/2捆
小沙丁鱼干……50克
盐……适量

烹饪方法

1.参照第102页的方法，将米饭蒸熟。

2.蒸好的米饭中加入豆瓣菜碎，盖锅盖，利用余温加热。最后加入小沙丁鱼干，搅拌均匀。

3.在手上撒些盐，将米饭捏成饭团即可。

如图，在做好的热米饭上，放入豆瓣菜碎，盖好锅盖。利用余温慢慢加热，保留豆瓣菜的清脆口感和鲜绿色泽。

芝麻核桃拌饭

软糯的米饭与酥脆核桃仁的绝妙搭配，舀一勺，满口留香。
独特的味道，让人不禁想要再来一碗！
淡淡的咸盐味让米饭和核桃的甜味更加凸显。

原材料（2人份）

米饭……400克
核桃（切小块）……30克
白芝麻碎、黑芝麻碎
……各1大匙
盐……少许

烹饪方法

将米饭、核桃、芝麻放入碗中搅拌均匀，用盐调味即可。

家常鸡肉炊饭

五颜六色的菜码搭配米饭，绝对是铸铁锅的拿手料理。
铸铁锅稳定性好，煮出的米饭松软、配菜爽脆。
连同铸铁锅一起端上餐桌，就餐气氛瞬间提升。

原材料（便于烹饪的量）

米……2合
鸡腿肉……1/2片
A［酒、淡口酱油、味淋……各1匙半（大匙）
胡萝卜、牛蒡……各30克
笋……50克
香菇……1个
油炸豆腐……1/2片
鸭儿芹（切碎末）……适量
橙皮……适量
盐……少许

烹饪方法

1.将大米洗净沥干，放置约10分钟。铸铁锅内加入米和1杯半的水（不包括在原材料内），浸泡约20分钟。

2.将鸡腿肉切成2厘米大小的块，用A中调料腌制备用。

3.将胡萝卜、笋、香菇、油炸豆腐切成1.5厘米的块备用。牛蒡削成竹叶片，放入水中浸泡5分钟。

4.向1中泡好的米中放入2、3中的食材，盖好锅盖，中火加热。水开后（或打开锅盖听到咕嘟咕嘟的声响），改小火继续加热10分钟。

5.关火，余温加热10分钟。将锅内食材搅拌均匀，加入鸭儿芹、少许盐调味。最后装盘撒橙皮即可。

美食推荐看这里

炊饭的料理笔记

牛肉蘑菇菜饭

用蘑菇、牛腱、豆芽做炊饭的菜码，在炊饭的调料中加韩式辣椒酱、豆瓣酱，增加炊饭的辣味和酱香味。这道略带辣味的韩式料理定会让家人着迷不已。

茄汁咖喱鸡肉烩饭

这是道一揭开锅盖，就会让人拍手叫绝的宴客料理。
咖喱粉与大蒜的香气充分凸显出鸡肉的美味。
也可以加入孜然等香辛料，创造不同的风味。

原材料（便于烹饪的量）

米……2合
鸡胸肉……小个，1片
A
- 白葡萄酒……1/2大匙
- 咖喱粉……1小匙
- 盐……1/4小匙
- 大蒜（擦成碎末）、粗磨胡椒……各少许

洋葱……中等大小，1/4个
杏鲍菇……1/2包（50克）
番茄……小个，1个
黄油……10克
B
- 番茄酱……1大匙
- 高汤粉……1小匙

盐……少许
欧芹（切碎末）……适量

烹饪方法

1. 大米洗净沥干，放置约10分钟。鸡肉切成2～3厘米的小块，用A中调料腌制5分钟。洋葱、杏鲍菇、番茄切块备用。
2. 锅中加黄油，中火加热。放入洋葱翻炒。待洋葱变软后，加入鸡肉、杏鲍菇继续翻炒，最后加米。
3. 将食材B放入锅中，搅拌均匀后，加入360毫升水（不包括在原材料内），盖锅盖继续加热。煮开后（或打开锅盖听到咕嘟咕嘟的声响），改小火加热10分钟。
4. 关火后加入番茄，盖锅盖，余温加热10分钟。
5. 将锅内食材搅拌均匀，用盐调味，撒欧芹碎即可。

再加工料理

加入煮熟的鹰嘴豆或无花果干碎，味道也非常不错。加入鱼露，就可以体验东南亚风味了。

STAUB

扇贝生菜调味饭

这是一道可以让你充分享受鱼露和扇贝鲜美味道的多彩米饭料理。
将扇贝罐头连同汤汁一起加入锅中，最大限度地发挥扇贝的味道。
用锅内余温加热生菜，色泽青绿，口感爽脆。

原材料（便于烹饪的量）

米……2合
扇贝柱（水煮罐头）……100克
生菜……2～3片
红椒……1/2个
A
- 大蒜、生姜（均切成碎末）……各1/2小匙
- 酒、鱼露……各1大匙

鱼露……适量
粗磨胡椒……少许
香菜……适量

烹饪方法

1. 将米洗净沥干，放置约10分钟。铸铁锅内放米、1杯半水（不包括在原材料内）和扇贝罐头（连同汤汁），浸泡20分钟。
2. 生菜、红椒切细丝。
3. 在1中加入A调料后，盖锅盖中火加热。煮开后（或打开锅盖听到咕嘟咕嘟的声响）改小火继续加热10分钟。
4. 关火，加入红椒丝，余温加热10分钟。
5. 加入生菜、鱼露，搅拌均匀，撒入胡椒、香菜即可。

再加工料理

将鱿鱼干或扇贝柱撕碎，与上面的米饭一起蒸煮，成品汤汁丰富、鲜味十足。

粥+配菜2种

现在，我们要用铸铁锅“咕嘟咕嘟慢煮”出最基本的粥品！
铸铁锅的热量缓缓渗透到各个角落，让每一粒米既软糯又完整。
搭配粥品的小食，全部可以用铸铁锅轻松搞定！

粥

原材料（便于烹饪的量）

米……1合

水……720毫升+540毫升

烹饪方法

1.米洗净沥干，放置约10分钟。

2.铸铁锅内加入米和720毫升的水，浸泡20分钟。

3.中火加热，待锅中水滚开后改小火，盖锅盖，继续加热20分钟。

4.再加入540毫升的水，中火加热。锅中沸腾后，改小火盖锅盖，继续煮20分钟。之后可以加入甜烹花椒（下文将会提到）等配菜。

配菜2种

茄子酱　原材料

茄子……3根

芝麻油……1大匙

大蒜、生姜（均切碎末）

……各1/2小匙

A ┌ 青辣椒（切丁）……1根

A │ 味噌、味淋、酒……各2大匙

A └ 砂糖、酱油……各1小匙

紫苏……5片

烹饪方法

1.铸铁锅内加入茄子与2大匙水（不包括在原材料内），中火加热。待锅中水滚开后，盖锅盖，加热5分钟。之后关火静置，使其稍微冷却，捞出茄子，去皮切块。

2.锅内加入芝麻油、大蒜、生姜，中火加热。煸出香味后，将茄子放入锅中翻炒。

3.待茄子变软，加入A，煸炒5分钟，关火。

4.茄子稍冷却后加入切碎的紫苏，拌均即可。

竹荚鱼酱　原材料

竹荚鱼干……1片

酒……3大匙

A ┌ 味噌……2～3大匙

A │ 味淋……1/2大匙

A └ 白芝麻……1小匙

烹饪方法

1.用铸铁锅将酒煮沸，放入竹荚鱼，盖锅盖，小火加热2分钟。

2.稍微冷却后，取出竹荚鱼干，将其捣碎，与A中调料充分混合即可。

美食推荐看这里

粥的料理笔记

中式粥品

将米与4倍米量的水加入铸铁锅中煮制。其间要添入3倍米量的水，并将火候控制在使米粒不断翻滚的程度。粥成熟后，倒入装有用芝麻油与酱油腌渍过的鲷鱼刺身的器皿中。最后可以添加葱白丝、醋牡蛎等配料。

豆类料理食谱

一般情况下，水煮干豆会花费很长的时间。用铸铁锅煮豆，厚重的锅盖能防止水蒸气的流失，极大地减少耗水量。这样一来，就可以享受到豆类原本的浓厚香醇。

豆类的基本煮法
（将200克豆洗净后再煮）

黄豆

❶黄豆浸泡一夜，连同泡黄豆的水一起倒入铸铁锅中，中火加热。待锅中水滚开后，撇去杂沫，继续煮10分钟后，捞出豆子，倒掉废水。❷黄豆重新倒入锅中，加入4杯水，中火加热。待锅中水沸腾后，改小火，盖锅盖，煮40分钟（其间如果水量不够，要添水保证水能够刚刚没过黄豆）。之后关火静置，待其冷却即可。

鹰嘴豆

❶用3倍豆量的水将鹰嘴豆浸泡一夜（如果时间有限，可浸泡4～5个小时）。捞出沥干后，放入铸铁锅中，加入4杯水，中火加热。❷锅中水滚开后，撇去杂沫，改小火加热。加入1/4小匙盐，盖好锅盖，继续煮约40分钟。鹰嘴豆的软硬程度适中后，关火静置，待其冷却即可。

小扁豆

❶用3倍豆量的水将小扁豆浸泡一夜，捞出沥干。向铸铁锅内加入4杯水、少许盐，中火加热。待锅中的水滚开后，放入泡好的小扁豆。❷锅中再次沸腾后，撇去杂沫，改小火加热。锅盖留缝，继续煮大约15分钟。小扁豆变成自己喜欢的硬度后，捞出沥干即可。

金时豆

❶用4倍豆量的水浸泡半天到一夜，连同泡豆的水一同倒入铸铁锅中，中火加热。待锅中水滚开后，撇去杂沫，加入1/4小匙盐。❷改小火，盖好锅盖，继续煮约50分钟。当金时豆变成自己喜欢的硬度后，关火静置，待其冷却即可。

• 煮好的豆子如果不立即食用，可以分开冷冻起来，方便日后取用。

小扁豆沙拉

小扁豆只需较短时间即可煮熟，十分方便。
和蔬菜搭配在一起，做成沙拉，清爽美味。
小扁豆本身没有豆腥味，可用咖喱粉调味。

原材料（2人份）

小扁豆（已煮熟）……100克
紫洋葱……1/4个
小番茄……6个
黄柿子椒……1/4个
鳄梨……1/2个
黄瓜……1/2根
A
- 橄榄油、柠檬汁……各2大匙
- 蛋黄酱……1大匙
- 盐……1/2小匙
- 粗磨胡椒……少许
- 咖喱粉、蜂蜜……各1/2小匙

粗磨胡椒……少许

烹饪方法

1. 洋葱切丝，在冷水中浸泡5分钟，用手稍加搓洗后控干。小番茄一切为二，其余蔬菜切成1.5厘米的块备用。
2. 将A中调料放碗中调匀，加入1中食材与小扁豆，搅拌均匀。装盘，撒上胡椒即可。

鹰嘴豆菠菜咖喱饭

铸铁锅能够最大限度地发挥食材味道，
仅仅是豆子与蔬菜的简单炖煮，就足够美味了。
这道料理中不用炖菜酱，而是用咖喱和香料调出辛辣的口味。

原材料（2人份）

鹰嘴豆（已煮过，参照第115页的煮法）……100～120克
洋葱……中等大小，1个
大蒜……1/2瓣
杏鲍菇……1/2包（50克）
菠菜……100克
色拉油……2大匙
孜然粒（可省略）……1/2小匙
A
- 咖喱粉……1匙半（大匙）
- 盐……1/2小匙
- 高汤粉……1小匙

水煮番茄罐头……1/2罐（200克）
B
- 印度混合香辛料……1/2小匙
- 酸奶……2大匙

米饭……适量

烹饪方法

1. 洋葱、大蒜切碎末，杏鲍菇切小块，菠菜切成2厘米长的段。
2. 铸铁锅中加入色拉油、孜然粒、大蒜，中火加热。煸出香味后，加入洋葱碎翻炒。
3. 锅中洋葱呈焦糖色后，加入杏鲍菇、A中调料，继续翻炒。加入番茄罐头，边炒边将番茄捣烂。
4. 加入鹰嘴豆、1杯水（不包括在原材料内），水沸腾后改小火，盖锅盖，煮大约10分钟。
5. 放入菠菜，锅中食材再次沸腾后，加入B，搅拌均匀。用适量的盐（不包括在原材料内）调味。最后与米饭一起装盘即可。

美食推荐看这里

鹰嘴豆的料理笔记

鹰嘴豆咖喱汤

煮过的鹰嘴豆放入铸铁锅中，用木铲将其压碎，具体压碎的程度根据个人喜好调节，豆泥中加入咖哩粉和鸡汤煮沸。装盘前用盐、胡椒调味即可。

中式炒黄豆

糯糯的黄豆搭配味道浓厚的XO酱——一道不可错过的下酒菜。
蒜苗和葱的香气在口中回味无穷。
成品上装饰葱白丝和香菜，青白交织，色泽诱人。

原材料（2人份）

黄豆（已煮过，参照第115页的煮法）……100克
大蒜……1/2瓣
蒜苗……80克
大葱……1/2根
香菇……2个
芝麻油……2小匙

A
- XO酱……1大匙
- 黄酒、耗油……各1小匙
- 黑醋……2小匙
- 砂糖……1/2小匙
- 胡椒粉……少许

烹饪方法

1. 大蒜切碎，蒜苗切6厘米长的段，大葱切较短的葱段，香菇切薄片。A中调料混合均匀备用。
2. 在铸铁锅中加入芝麻油、大蒜，中火煸炒。煸出香味后，加入1中食材和黄豆，继续翻炒。盖锅盖，加热1分钟。
3. 用备好的A调味后，关火即可。

美食推荐看这里

黄豆的料理笔记

黄豆酱

用食物搅拌机将黄豆搅碎成酱状，加入金枪鱼罐头、酸奶油搅拌均匀，黄豆酱就做好了。它既可以涂在面包、饼干上，也可作为蘸酱，搭配蔬菜食用。

墨西哥辣味牛肉酱拌金时豆

豆类与肉类的组合，既可搭配面包，又可搭配米饭。
充分炖煮的番茄罐头，美味加倍。
豆子可换为黄豆或鹰嘴豆，只要家里有，什么豆都可以！

原材料（2人份）

金时豆（已煮过，参照第115页的煮法）
……80～100克
洋葱……中等大小，1/2个
大蒜……1/2瓣
番茄……1个
牛猪绞肉……200克
橄榄油……1小匙

A
- 辣椒粉……2小匙
- 牛至（干燥）……1小匙
- 盐……1/2小匙
- 粗磨胡椒……少许
- 高汤粉……1/2小匙
- 辣酱油……1大匙

红葡萄酒……1/4杯
水煮番茄罐头（整番茄装）
……1/2罐（200克）
盐……少许
紫洋葱（切碎末）……适量
面包（按个人喜好）……适量

烹饪方法

1.洋葱、大蒜切碎末，番茄切1厘米的小块。

2.在铸铁锅中加入橄榄油、大蒜，开中火煸炒。煸出香味后，加入洋葱，继续翻炒。

3.洋葱变软后，加入绞肉翻炒。肉变色，按照A的顺序，将调料依次加入锅中翻炒。

4.加入红葡萄酒、番茄罐头、金时豆，一边将番茄压碎，一边搅拌。待锅中沸腾后，改小火，锅盖留缝，煮大约10分钟。加入1中的番茄块，再次沸腾后，用盐调味。出锅装盘，撒入紫洋葱碎。按个人喜好，可搭配面包一起食用。

再加工料理

热狗面包划开一道口，加入生菜丝、香肠以及上面做好的辣味牛肉末酱，一道辛辣可口的热狗就做好了。另外，用辣味牛肉酱拌饭，再配上溏心煎蛋，就做成夏威夷风格的盖浇饭了。

用铸铁锅制作甜品

利用食物自然柔和的味道制作简单却充满魅力的甜品！
（具体的制作方法在第124、125页中介绍）

橙香蜜红豆

糖水苹果

橘子鲜姜露
（加苏打水）
大颗草莓酱
牛奶酱

橙香蜜红豆

小火慢煮的红豆软软甜甜。
略带鲜甜香气的橙子同样适合成人的口味。

原材料（便于烹饪的量）

红豆……200克
砂糖……200克
盐……一小撮
香橙皮（切碎）……适量

烹饪方法

1.红豆洗净后，倒入铸铁锅中，加入3杯水（不包括在原材料内），中火加热。

2.锅中水沸腾后，改小火，煮约10分钟后，将红豆捞出沥干。

3.红豆重新回锅，加入4杯水（不包括在原材料内），中火加热。沸腾后，改小火，盖锅盖，煮大约1小时。为防止煮干，煮制期间要多次添水，每次添水量为1/2杯。

4.加入一半的砂糖，继续煮10分钟。之后加入剩下的一半砂糖，煮20分钟，最后加盐。

5.关火静置，稍加冷却。加入橙子皮，搅拌均匀即可（冷藏条件下，可以保存1周）。

糖水苹果

用少量的水煮出苹果本来的甘甜。
这道甜品也可以用西洋梨或桃子制作。

原材料（2人份）

苹果……1个
柠檬……1/2个
A 绵白糖……80克
A 锡兰肉桂……1根
橘味利口酒……1大匙

烹饪方法

1.将苹果带皮清洗干净，八等分切成苹果瓣，去掉苹果核。柠檬切成薄圆片备用。

2.在铸铁锅中加入苹果和1杯水（不包括在原材料内），放入A中调料，中火煮沸。用厨房纸巾做小锅盖直接盖在食材上。

3.改小火，盖好锅盖，煮7～8分钟。揭开小锅盖，加入柠檬片和橘味利口酒（可省略）后关火。

4.盖锅盖静置，待其稍微冷却后，盛出放入冰箱，冰镇大约30分钟即可食用。

图为将所有食材放入铸铁锅中。这道甜品水分蒸发得少，即使糖汁水位稍稍低于食材表面，也不会影响味道与口感。

橘子鲜姜露

将橘子与生姜一起甜煮，清新爽口。
既可兑入苏打水，又可加到红茶中品尝。

原材料（便于烹饪的量）

橘子……4个
生姜……50克
绵白糖……150克
柠檬汁……1/2个柠檬的量

烹饪方法

1.将橘子掰成小瓣，剥去橘瓣的薄皮。生姜去皮，切成薄片。

2.将1中食材放入铸铁锅中，加入绵白糖拌匀，腌制10分钟。

3.中火加热，待锅中沸腾后，盖锅盖，煮10分钟。

4.关火，加入柠檬汁，待其稍微冷却后，出锅放入冰箱（冷藏条件下，可以保存2周）。

大颗草莓酱

这份草莓果酱“奢侈”地使用了应季的整颗草莓。
咕嘟咕嘟慢煮，果酱黏稠，草莓的酸甜香味被充分释放。

原材料（便于烹饪的量）

草莓……净重600克
绵白糖……250克
柠檬汁……1/2个柠檬的量
橘味利口酒（可省略）……1大匙

烹饪材料

1.将草莓洗净去蒂，放入铸铁锅中，加入绵白糖拌匀，腌制约20分钟。

2.中火加热，待其沸腾后，撇去杂沫。搅拌均匀，改小火，煮40～45分钟。

3.加入柠檬汁、橘味利口酒（可省略），搅拌均匀后关火。待其冷却后，装入容器，放入冰箱保存（冷藏条件下，可以保存2周）。

牛奶酱

使用琼脂粉，是这道甜品口感爽滑的秘诀。
它不仅可以涂在面包上，也可以随意添加应季水果一起食用。

原材料（便于烹饪的量）

牛奶……1杯半
鲜奶油……1杯
绵白糖……120克
琼脂粉……1/4小匙

烹饪方法

1.铸铁锅内放入所有食材，中火加热。

2.沸腾后，改小火，煮40～45分钟。慢慢变稠后，用木铲不时搅拌。

3.关火静置，待其稍微冷却后，装入容器，放冰箱保存（冷藏条件下，可以保存2周）。

正确使用铸铁锅，你需要注意的事项

为了延长铸铁锅的使用寿命，我们需要注意和掌握一些使用要点。虽说是需要小心应对，但只要大家充分理解铸铁锅的特性，这些都不是什么难事。只要在日常使用时稍加注意，铸铁锅就能与你相伴终生！

急速旺火不可以！要从小火到中火，慢慢加热

铸铁锅会因为急剧的温度变化而损坏。由于其本身材质厚实，加热的时间会相对较长，即使这样，也不能因为心急而使用旺火。要从小火升到中火，慢慢地加热。食物入锅后，此时的铸铁锅已带有一定热度，再从小火加为中火就完全没有问题。另外，使用后绝不可以立即用冷水冲洗铸铁锅。

铸铁锅的材质是极其脆弱的！要避免使用金属的炊具，避免空锅干烧

使用金属的汤勺、锅铲等，会在不经意间损坏铸铁锅内壁的特殊工艺。所以在烹饪器具的选择上，推荐使用木制或硅胶材质的。长时间的空锅干烧也会损伤锅体，因而要绝对避免。

在触碰锅盖或提手时，必须采取保护措施

铸铁锅锅盖的提手是金属材质的，自然会因热传导而升温。锅两侧的提手与锅体为同种材质，所以提手也会随着加热而温度升高。因此，在提盖、端锅的时候，必须要采取保护措施。揭开锅盖时，也要特别注意锅盖里侧聚集的水蒸气，其极有可能滴落油中，引起油花四溅，造成烫伤。

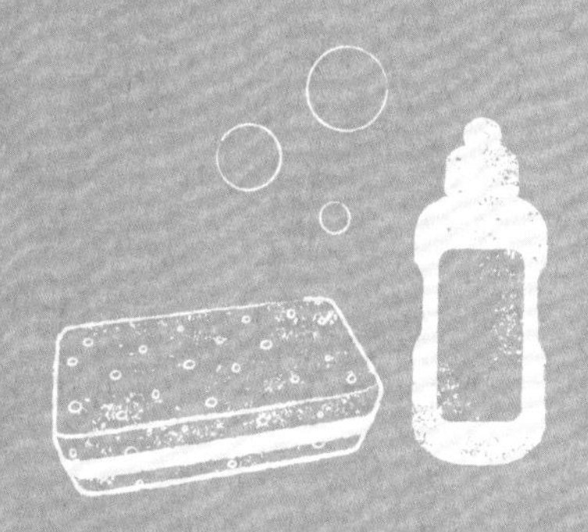

使用后，要用海绵清洗干净

铸铁锅使用后，要用海绵蘸取中性洗涤剂清洗。如果锅内有焦糊或粘锅的地方，要先用热水泡过之后再清洗。金属刷、研磨剂、漂白剂等都会损坏铸铁锅的珐琅材质，所以严禁使用这些工具和洗剂。由于铸铁锅的材质特殊，使用越久越不易粘锅，养锅也就成为了一大乐趣。

洗完后，用擦碗布拭去水汽，恢复锅体亮泽

要用擦碗布将清洗后的铸铁锅擦拭干净。锅体、锅盖以及没有铸珐琅的边缘容易生锈，这些部位要特别注意清洁保养。要想保持锅体表面鲜亮，不产生水垢，一定要及时擦拭锅体表面水汽，恢复锅体亮泽。

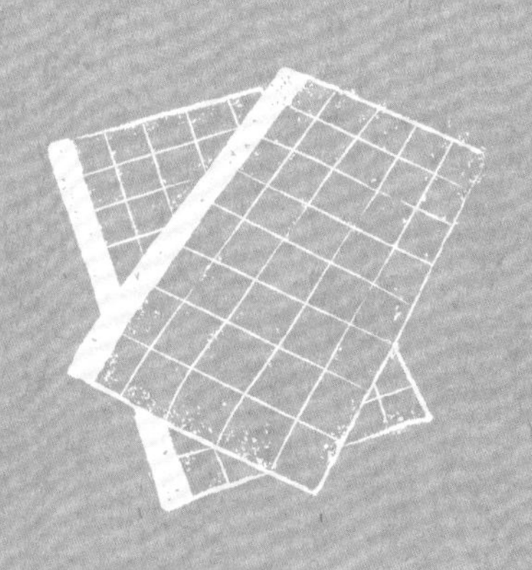

图书在版编目（CIP）数据

爱上铸铁锅 / (日) 药袋绢子著；刘仝乐译. -- 北京：北京联合出版公司，2016.2（2018.5）

ISBN 978-7-5502-7185-2

Ⅰ. ①爱… Ⅱ. ①药… ②刘… Ⅲ. ①菜谱 Ⅳ. ①TS972.12

中国版本图书馆CIP数据核字(2016)第036725号

爱上铸铁锅

著　　者：[日]药袋绢子
译　　者：刘仝乐
选题策划：后浪出版公司
出版统筹：吴兴元
特约编辑：李志丹
责任编辑：张　萌
封面设计：7拾3号工作室
营销推广：ONEBOOK
装帧制造：墨白空间

北京联合出版公司出版
（北京市西城区德外大街83号楼9层　100088）
北京盛通印刷股份有限公司印刷　新华书店经销
字数57千字　889毫米×1194毫米　1/32　4印张　插页4
2016年5月第1版　2018年5月第2次印刷
ISBN 978-7-5502-7185-2
定价：36.00元

后浪出版咨询(北京)有限责任公司常年法律顾问：北京大成律师事务所　周天晖 copyright@hinabook.com